Beck'sche Reihe

BsR 1231

Pierre Teilhard de Chardin wurde am 1. Mai 1881 in Sarcenat bei Clermont-Ferrand (Auvergne) geboren. Nach philosophischen, theologischen und naturwissenschaftlichen Studien wurde er 1922 außerordentlicher Professor für Geologie am Institut Catholique von Paris. Als Paläontologe errang er auf den Spuren der frühen Menschheit in China, Indien, Java und Afrika Weltgeltung. Ab 1946 lehrte und forschte er in Europa, Amerika und Afrika und bemühte sich, Natur- und Geisteswissenschaftler für den Entwurf einer neuen Anthropologie zu gewinnen. Er starb am 10. April 1955 in New York.
In seiner Schrift „Die Entstehung des Menschen" sucht Teilhard nach einer Synthese des christlichen Schöpfungsgedankens mit der anthropologisch verstandenen Evolution. Im Verlag C.H.Beck liegt außerdem vor: Pierre Teilhard de Chardin, Der Mensch im Kosmos.

PIERRE TEILHARD DE CHARDIN

Die Entstehung des Menschen

Aus dem Französischen von Günther Scheel

VERLAG C.H. BECK

Titel der Originalausgabe: „Le Groupe
Zoologique Humain" (Éditions Albin Michel)

Mit 6 Abbildungen im Text

Die Deutsche Bibliothek – CIP-Einheitsaufnahme

Teilhard de Chardin, Pierre:
Die Entstehung des Menschen / Pierre Teilhard de Chardin.
Aus dem Franz. von Günther Scheel. – München : Beck, 1997
   (Beck'sche Reihe ; 1231)
   Einheitssacht.: Le groupe zoologique humain <dt.>
   ISBN 3 406 42031 1

Originalausgabe
ISBN 3 406 42031 1

Unveränderter Nachdruck 1997 der im Verlag C. H. Beck
erschienenen gebundenen deutschen Sonderausgabe von 1969
(2., unveränderter Nachdruck 1981)
Umschlagentwurf: Uwe Göbel, München
Umschlagabbildung: Süddeutscher Verlag, München
© C. H. Beck'sche Verlagsbuchhandlung (Oscar Beck), München 1961
Gesamtherstellung: C. H. Beck'sche Buchdruckerei, Nördlingen
Gedruckt auf säurefreiem, alterungsbeständigem Papier
(hergestellt aus chlorfrei gebleichtem Zellstoff)
Printed in Germany

INHALT

Vorbemerkung des Verfassers 9
Einleitung: Das Phänomen Mensch 11

I. STELLUNG UND BEDEUTUNG DES LEBENS INNERHALB DES UNIVERSUMS. EINE WELT, DIE SICH EINROLLT

I. Physik und Biologie: Die Problemstellung 17
II. Lemma. Verschiedene Formen der Anordnung der Materie. «Echte» und «falsche» Komplexität 19
III. Die Kurve der Korpuskelbildung (Corpusculisation). Leben und Komplexität 21
IV. Der Vorgang der Korpuskelbildung. Der Schritt zum Leben . 25
    Die Bildung der Atome 26
    Die Entstehung der Moleküle und der lebenden Proteine . . . 28
V. Die Dynamik der Korpuskelbildung. Die Ausbreitung des Bewußtseins 31

II. ENTFALTUNG DER BIOSPHÄRE UND HERAUSBILDUNG DER ANTHROPOIDEN

Vorbemerkungen. Die Ausgangsbasis des Lebens: Ein- oder Vielstämmigkeit? 40
I. Ursprüngliche Merkmale der Biosphäre 41
II. Der Lebensbaum. Allgemeiner Aufbau 43
    A. Die Einzeller 44
    B. Die Vielzeller 45
III. Der Lebensbaum. Welches ist seine «Spitze»? Zunehmende Komplexität und Ausbildung des Gehirns 48
    A. Wahl eines neuen Parameters der Evolution: Komplexitätskoeffizient und Nervensystem 48

B. Erstes durch Anwendung des Parameters der Gehirnbildung gewonnenes Ergebnis: Die Hauptachse der kosmischen Zusammenrollung (oder Korpuskelbildung) auf der Erde verläuft durch den Zweig der Säugetiere 51

C. Zweites durch Anwendung des Parameters der Gehirnbildung gewonnenes Ergebnis: Die Achse der Korpuskelbildung auf der Erde verläuft durch die Familie der Anthropoiden . . . 57

IV. Der «Keimfleck» der Anthropoiden des Pliozäns in der Biosphäre 59

III. ERSTES AUFTRETEN DES MENSCHEN ODER DIE SCHWELLE DER REFLEXION

Einleitung: Das Diptychon 65

I. Die Entstehung des Menschen: Eine Mutation, die in ihren äußeren Merkmalen allen anderen Mutationen gleich ist 67
   A. Der Zweig des Pithecanthropus 69
   B. Die anderen Zweige 72
   C. Das Gesamtbild. 73

II. Die Entstehung des Menschen: Eine Mutation, die sich in ihren Ergebnissen von allen anderen Mutationen unterscheidet . . . 76
   A. Außerordentliche Dynamik der Ausbreitung 77
   B. Einmalige Schnelligkeit der Differenzierung 77
   C. Anhaltende Fortpflanzungskraft des Phylums Mensch . . . 79
   D. Zusammenwachsen der verschiedenen Zweige. 80

IV. DIE BILDUNG DER NOOSPHÄRE
1. GEMEINSCHAFTSBILDUNG IM STADIUM DER EXPANSION: HERAUSBILDUNG VON KULTUR UND INDIVIDUUM

Einleitung: Vorbemerkungen über die Begriffe «Noosphäre» und «Planetisation» 85

I. Die Besiedlung der Erde 88
   Erste Welle: Die Praehominiden 89
   Zweite Welle: Der Aurignac-Mensch der jüngeren Altsteinzeit 89
   Dritte Welle: Der Ackerbauer der Jungsteinzeit 89

II. Die Entstehung der Kulturen 91
   A. Ein Phänomen, das auf biologischen Vorgängen beruht . . 91

B. Auswirkungen der Differenzierung 94
C. Auswirkungen der Orthogenese 96
III. Die Individuation 98

V. DIE BILDUNG DER NOOSPHÄRE
2. GEMEINSCHAFTSBILDUNG IM STADIUM DER EINENGUNG:
HERAUSBILDUNG VON GESAMTHEIT UND GESAMTPERSÖNLICHKEIT.
AUSBLICKE IN DIE ZUKUNFT

I. Tatsächlicher Sachverhalt: Die unaufhaltsame Totalisation der Menschheit und ihr Ablauf 103
   A. Erste Phase: Ethnische Verdichtung. 103
   B. Zweite Phase: Wirtschaftlich-technische Ordnung 104
   C. Dritte Phase: Gleichzeitige Steigerung des Bewußtseins, des Wissens und der Reichweite des Wirkens 105

II. Die einzige widerspruchslose Deutung dieses Phänomens: Die Welt im Zustand der Konvergenz. 107

III. Auswirkungen und Erscheinungsformen der Konvergenz . . . 111
   A. Zunahme der freien Energie und Intensivierung der Forschung 111
   B. Neubelebung der Evolution und weitere Ausbildung des Gehirns 114

IV. Kulmination der Gemeinschaftsbildung: Ein Versuch, sich das Ende einer Welt vorzustellen 119

V. Schlußbetrachtung: Aussichten und Voraussetzungen für einen Erfolg des Wagnisses Mensch 124

VERZEICHNIS DER ABBILDUNGEN

Abbildung 1: Natürliche Kurve der Komplexität 21

Abbildung 2: Der Lebensbaum oder die Verzweigungen des Lebens 43

Abbildung 3: Verschiedene Stufen in der Ausbildung des Gehirns der Wirbeltiere 53

Abbildung 4: Entwicklung des Gehirns bei den Equiden 56

Abbildung 5: Die verschiedenen Zweige der Hominiden 74

Abbildung 6: Die Einrollung des Schädels von den Anthropoiden bis zum Menschen 79

VORBEMERKUNG DES VERFASSERS

Wie schon der Titel erkennen läßt, erheben die folgenden Seiten keineswegs den Anspruch, eine erschöpfende Theorie des Menschen zu geben. Sie wollen ganz einfach den Menschen in seiner Erscheinung festhalten; wobei davon ausgegangen wird, daß die Wissenschaft, von ihrem irdischen Standpunkt aus, berechtigt ist, den Menschen als Fortführung und – zumindest vorläufig – als Krönung des Lebendigen zu betrachten.

In dem vorliegenden Werk habe ich mir zum Ziel gesetzt, dieses geheimnisvolle Wesen *Mensch* auf Grund dessen, was die Erfahrung bietet, zu bestimmen; ich möchte strukturell wie geschichtlich seine gegenwärtige Stellung ermitteln, und zwar in ihrem Verhältnis zu den anderen Formen um uns her, die der kosmische Stoff im Lauf der Zeiten angenommen hat.

Ein naheliegendes und begrenztes Ziel; jedoch ein Ziel, dessen Bedeutung für uns darin liegt, daß es uns nach meinem Dafürhalten in eine Sonderstellung rückt, von der aus wir bewegt erkennen, daß der Mensch zwar nicht mehr (wie man früher glauben konnte) der unveränderliche Mittelpunkt einer schon vollendeten Welt ist, dafür aber, soweit unsere Erfahrung reicht, die Spitze in der Entwicklung eines Universums, das sich auf dem Wege zu einer immer rascheren Steigerung der Komplexität der Materie und zugleich zu einer stetig zunehmenden geistigen Verinnerlichung befindet.

Eine Sicht, die auf unseren Geist aufrüttelnd genug wirken sollte, um unserer Philosophie der Existenz einen neuen Impuls, wenn nicht gar eine völlig neue Gestalt zu geben.

Paris, 10. Januar 1950

EINLEITUNG. DAS PHÄNOMEN MENSCH

Wie schon sein Titel andeutet, hat sich das vorliegende Werk das Ziel gesetzt, die Struktur und die Entwicklungsrichtung der zoologischen Gruppe Mensch zu erforschen. Was nichts anderes bedeutet, als daß wiederum das klassische Problem der Stellung des Menschen innerhalb der Natur aufgeworfen und untersucht werden soll.

Die Stellung des Menschen in der Natur... Warum wird diese Frage, je weiter die Wissenschaft vordringt, für uns immer bedeutungsvoller und faszinierender?

Zunächst zweifellos aus dem ewig gleichen, rein subjektiven und daher etwas verdächtigen Grunde, daß es sich hier um uns selbst handelt, also um das, was uns vor allem am Herzen liegt.

Aber noch deshalb (und diesmal ohne jegliche anthropozentrische Voreingenommenheit), weil wir uns – gerade infolge der neuesten Fortschritte unseres Wissens – darüber klar zu werden beginnen, daß der Mensch eine Schlüsselstellung, eine polare Position in dieser Welt einnimmt, daß er gewissermaßen ihre Hauptachse darstellt. Und zwar so sehr, daß es genügen würde, den Menschen zu verstehen, um auch das ganze Weltall zu verstehen, – wie umgekehrt das Weltall unverstanden bliebe, wenn es uns nicht gelänge, den Menschen in seiner Ganzheit und ohne ihn zu entstellen darin einzufügen, – den ganzen Menschen, wohlgemerkt, nicht nur mit seinem Körper, sondern auch mit seinem Geist.

Wir müßten fürwahr geblendet sein durch den Umstand, daß uns dieses Phänomen Mensch (in dem wir selbst wesen und sind) so unmittelbar betrifft, wenn wir nicht um so stärker auch empfänden, welche ungeheure Einmaligkeit dieses Geschehen gerade als Phänomen besitzt.

Eine «Spezies» dem Anschein nach, – ein bloßer Seitenzweig, der sich von dem Hauptzweig der Primaten abgetrennt hat, von dem sich jedoch jetzt zeigt, daß er mit völlig einmaligen biologischen Eigenschaften ausgestattet ist. Etwas ganz Gewöhnliches also: doch bis zum Höchstmaß des Außergewöhnlichen gesteigert . . . Um ihre gesamte Umgebung derartig beeinflussen und umwandeln zu können, muß da die «menschgewordene Materie» (das einzige unmittelbare Objekt der Bemühungen des Forschers) nicht eine wunderbare Kraft in sich bergen, muß sie nicht das Leben in seiner höchsten Steigerung verkörpern, das heißt muß sie nicht, soweit wir dies auf Grund unserer Erfahrung beurteilen können, den kosmischen Stoff in seinem vollständigsten, vollendetsten Zustand darstellen? Wenn der Mensch während der ganzen ersten Epoche naturwissenschaftlicher Forschung (praktisch während des ganzen 19. Jahrhunderts) Welten erforschen konnte, ohne über sich selber zu erstaunen, trifft dann nicht auf diesen Fall, wenn überhaupt je, das Sprichwort zu, daß man vor lauter Bäumen den Wald übersieht –, oder vor lauter Wogen die Majestät des Ozeans?

Betrachtet man die Menschheit aus zu geringem Abstand, in dem räumlichen und zeitlichen Maßstab unseres individuellen Daseins, dann erscheint sie uns nur allzu leicht wie eine ungeheure, aber zusammenhangslose bewegte Masse, die auf derselben Stelle bleibt. Im Verlauf der folgenden fünf Kapitel aber werde ich versuchen darzulegen, wie sich das Durcheinander der Einzelheiten, in dem wir uns verloren glauben, sofern man die Dinge nur aus genügender Entfernung betrachtet, zu einem gewaltigen, organisch sich entwickelnden Geschehen formt, in dem ein jeder von uns seinen Platz einnimmt, gleichsam ein Atom, gewiß, aber doch einmalig und unersetzlich.

Der Mensch, Sinngeber der Geschichte.

Der Mensch, einziger und absoluter Parameter der Evolution.

Fünf Kapitel, sagte ich. Das bedeutet fünf Etappen, fünf ausgewählte Phasen, um das großartige Schauspiel der Entstehung des Menschen zu fassen und vor Augen zu führen:

1. Stellung und Bedeutung des Lebens innerhalb des Universums. Eine Welt, die sich einrollt.
2. Entfaltung der Biosphäre und Herausbildung der Anthropoiden.
3. Erstes Auftreten des Menschen, oder «Die Schwelle der Reflexion».

4. Bildung der Noosphäre.
 a) Phase der Expansion: Herausbildung von Kultur und Individuum.
5. Bildung der Noosphäre.
 b) Phase der Einengung: Herausbildung von Gesamtheit und Gesamtpersönlichkeit.

Im folgenden wollen wir nacheinander diese fünf Punkte eingehender behandeln.

I

STELLUNG UND BEDEUTUNG DES LEBENS
INNERHALB DES UNIVERSUMS.
EINE WELT, DIE SICH EINROLLT

I. PHYSIK UND BIOLOGIE: DIE PROBLEMSTELLUNG

Der Mensch ist ein Teil des Lebens; er ist sogar (dies ist die in diesem Buche vertretene These) der charakteristischste, zentralste und lebendigste Teil des Lebens. Es ist daher unmöglich, seine Stellung in der Welt richtig zu würdigen, ohne daß man zuvor die Stellung des Lebens innerhalb des Universums festlegt, – das heißt ohne daß man vor allem erkennt und bestimmt, was das Leben im Gesamtbau des Kosmos eigentlich darstellt; auf die Gefahr hin übrigens, daß wir dabei mehr oder weniger bewußt die Anhaltspunkte verwenden, die uns die Untersuchung des Menschen selbst liefert.

Stellung beziehen hinsichtlich des Sinnes und der Bedeutung des Phänomens «Leben» innerhalb der Entwicklung des Universums; wenn möglich eine Brücke schlagen (oder doch wenigstens die Andeutung einer Brücke) zwischen Biologie und Physik: das ist (und muß es notwendigerweise auch sein) das Ziel dieses ersten Kapitels.

Unter dieser Voraussetzung scheint mir der beste Weg, um unmittelbar und ganz konkret zum Kernpunkt des Problems vorzustoßen, der zu sein, daß wir uns in Gedanken in jene Zeit (vor etwa 60 Jahren) zurückversetzen, als die beiden Curie die Entdeckung des Radiums bekanntgaben. Die Physiker kamen dadurch (was wir vielleicht bereits vergessen haben) in eine außergewöhnlich peinliche Lage. Denn wie sollte man dieses neue Element verstehen?... Sah sich die Wissenschaft im Falle dieser seltsamen Substanz einer besonders abweichenden Form gegenüber oder im Gegenteil einem neuartigen Zustand der Materie, einer Anomalie oder einem Paroxysmus? Handelte es sich lediglich um eine Rarität mehr, die Neugierige in ihre Sammlung einreihen konnten? Oder aber ging es darum, daß man nun eine völlig neue Physik schaffen mußte?

Im Falle des Radiums sollte der Zweifel nicht lange währen. Ist es jedoch nicht seltsam, daß in einem ähnlich gelagerten und noch schwerwiegenderen Falle, nämlich in dem des Lebens als solchem, dieselbe Unsicherheit noch immer andauert? Denn gelangt man nicht, wenn man die moderne Naturwissenschaft zu «psychoanalysieren» sucht, zu folgender Feststellung: trotz der außergewöhnlichen Eigenschaften, die das Leben zu etwas absolut Einmaligem im Bereich unserer Erfahrung machen, wird es, da es anscheinend so selten und so unbedeutend ist (geradezu lächerlich eng begrenzt auf die Spanne eines Augenblicks, auf einen winzigen Stern!), weiterhin von der Physik praktisch als eine Ausnahme oder Unregelmäßigkeit in den Grundgesetzen der Natur betrachtet (wie anfangs auch das Radium) – eine sicherlich sehr interessante Unregelmäßigkeit, nach den Maßstäben dieser Erde, aber ohne wirkliche Bedeutung für ein volles Verstehen der Grundstruktur des Universums. Das Leben ist eine Begleiterscheinung der Materie, so wie das Denken eine Begleiterscheinung des Lebens ist: Ist dies nicht, wenn auch nicht ausdrücklich, allzu oft noch die Meinung der Menschen?

Es erscheint mir wesentlich, daß man gerade dieser bagatellisierenden Auffassung möglichst rasch entgegentritt, und zwar indem man nachdrücklich daran erinnert, daß es ja (wie im Falle des Radiums) bei dem Dilemma, dem sich der Forscher auf Grund der Tatsachen gegenüber sieht, für den Scharfsinn der Erkennenden noch eine zweite Lösung gibt: Das Leben ist keineswegs eine bizarre Anomalie, die sporadisch an der Materie auftritt; es ist vielmehr die Steigerung einer universellen Eigentümlichkeit des Kosmos; das Leben ist nicht bloß eine Begleiterscheinung, sondern der wesenhafte Kern des Phänomens.

Wir wollen diese Ausgangsposition deutlich hervorheben, da alles, was die nachfolgenden Kapitel enthalten, davon abhängt, mit welcher Klarheit und Entschlossenheit wir uns für diesen geistigen Schritt entscheiden. Diese Ausgangsposition läßt sich folgendermaßen umreißen:

Es hätte ganz offensichtlich niemals eine moderne Physik geben können, wenn die Physiker widersinniger Weise darauf bestanden hätten, die Radioaktivität als eine Anomalie anzusehen. In gleicher Weise, so behaupte ich, kann die Biologie nur dann sich weiterentwickeln und sich widerspruchslos in die Gesamtheit der Naturwissenschaften einreihen, wenn man sich entschließt, im Leben den Ausdruck einer der bedeutungsvollsten und grundlegendsten Bewegungen der uns umgebenden Welt zu sehen. – Und zwar nicht (und damit kommen wir an den Kern des Problems) auf Grund irgendeiner gefühlsmäßigen oder willkürlichen Entscheidung, sondern auf Grund einer Reihe schwerwiegender Tatsachen, die sofort ins Auge springen, wenn man einmal die enge strukturelle Bindung erkennt, die zwischen dem «Zufall des Lebens» und dem gewaltigen, allumfassenden Phänomen der *zunehmenden Komplexität der Materie* besteht ,– einem Phänomen, das so offensichtlich ist und doch noch so wenig begriffen wird.

Über diesen Punkt muß man sich völlig klar sein, wenn man den Zugang finden will zur Erforschung des Menschen und der Menschwerdung. Doch zuvor wollen wir, um dem Gedankengang leichter folgen zu können, die hier verwendeten Begriffe klären. Das Leben, so werde ich im folgenden immer wieder betonen, stellt sich der Naturwissenschaft erfahrungsgemäß als eine *Auswirkung der Komplexität der Materie* dar. Doch was hat man nun in diesem besonderen Fall unter «Komplexität», genau genommen, zu verstehen?

II. LEMMA. VERSCHIEDENE FORMEN DER ANORDNUNG DER MATERIE

«ECHTE» UND «FALSCHE» KOMPLEXITÄT

Unter *Komplexität* verstehe ich im folgenden natürlich nicht eine *bloße Anhäufung*, das heißt irgendeine Ansammlung *ungeordneter* Teile, wie etwa eine Menge Sand oder auch die Fixsterne und die Planeten (sofern man von einer bestimmten, auf ihrer Schwere beruhenden zonenmäßigen Gruppierung absieht und die Vielzahl der Substanzen außer acht läßt, aus denen sie sich zusammensetzen).

Unter dem Wort Komplexität verstehe ich auch nicht die bloß geometrische, unbegrenzte *Wiederholung* von Einheiten (mögen sie auch noch so mannigfaltig und die Achsen ihrer Anordnung noch so zahlreich sein) –, eine Wiederholung, wie sie bei der erstaunlichen, allgemeinverbreiteten Erscheinung der Kristallisation auftritt.

Unter dem Begriff der Komplexität verstehe ich vielmehr jene besondere, höhere Form der Gruppierung, die ich *Kombination* nennen möchte, deren Eigentümlichkeit es ist, daß sie – mit oder ohne Anhäufung und Wiederholung – eine bestimmte, feststehende Anzahl von Einzelteilen (gleich, ob viele oder wenige) zu einem in sich geschlossenen Ganzen mit bestimmtem Radius vereinigt: wie etwa Atom, Molekül, Zelle, Vielzeller usw.

Eine feststehende Anzahl von Einzelteilen, ein in sich geschlossenes Ganzes. Auf dieses zweifache Merkmal sei mit besonderem Nachdruck hingewiesen, denn von ihm hängen alle nun folgenden Ausführungen ab.

Bei der Anhäufung und der Kristallisation bleibt die äußere Anordnung naturgemäß immer unvollendet. Eine neue Zufuhr an Materie von außen her bleibt also immer möglich. Mit anderen Worten, bei einem Gestirn oder einem Kristall handelt es sich in keiner Weise um eine in sich geschlossene Einheit, sondern lediglich um das Auftreten eines zufällig «abgegrenzten» Systems.

Durch Kombination dagegen entsteht ein Typus der Gruppierung, der seinem inneren Aufbau nach jederzeit in sich vollendet ist (wenn wir auch sehen werden, daß er von einer bestimmten Stufe[1] an von innen her unbegrenzt erweiterungsfähig ist): ich meine damit das *Korpuskel* (Mikro- oder Makro-Korpuskel), eine in wirklichem und doppeltem Sinne «natürliche» Einheit, insofern nämlich als sie, obwohl organisch in ihrem Umfang in sich begrenzt, auf bestimmten Stufen eindeutige Zeichen von *Autonomie* erkennen läßt. Eine Komplexität, die nach und nach eine gewisse «Zentriertheit» erreicht –, nicht in der Form, sondern im Verhalten –, eine «Zentro-Komplexität», wie man kürzer und genauer sagen könnte.

Sehen wir nun einmal, wie sich das noch so wenig zusammenhängende Universum der Physiker und der Biologen ausnimmt, wenn man es nach diesem Gesichtspunkt der Zentro-Komplexität von Grund auf neu ordnet. Betrachten wir zu diesem Zweck die nachfolgende Abbildung 1.

---

[1] Die Stufe der «lebendigen» Korpuskeln.

III. DIE KURVE DER KORPUSKELBILDUNG *(CORPUSCULISATION)*. LEBEN UND KOMPLEXITÄT

Diese Abbildung stellt eine Kurve dar, die auf zwei Achsen bezogen ist. Über die eine dieser Achsen *(Oy)* ist nichts Besonderes zu sagen. In der Form, wie ich sie hier wiedergebe, habe ich sie im wesentlichen von Julian Huxley übernommen. Sie hält lediglich, in Zentimetern angegeben, die Länge (oder den Durchmesser) der wichtigsten Objekte fest, wie sie von der Wissenschaft bisher in der Natur erforscht wurden, und zwar aufsteigend von den kleinsten bis zu den größten.[1]

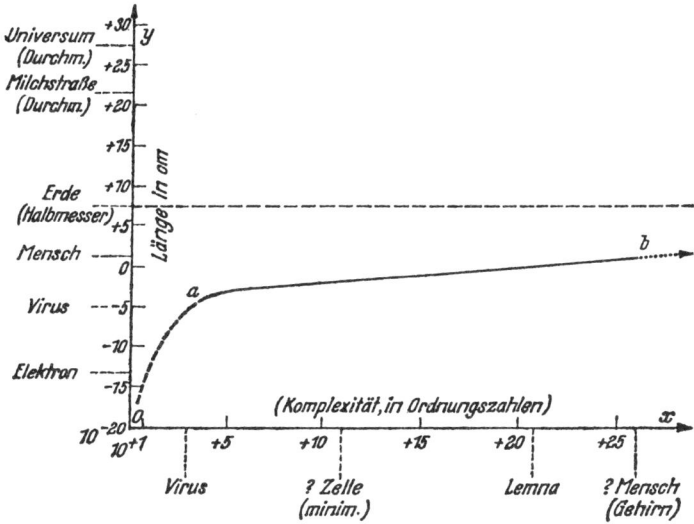

Abb. 1. Natürliche Kurve der Komplexität (vgl. Text)
a) Erstes Auftreten des Lebens
b) Erstes Auftreten des Menschen

---

[1] Es wäre vielleicht eher «letzter Schrei» gewesen, wenn ich als Ausgangspunkt von *Oy* 10^{-18} gewählt hätte, da diese Größe manchen Physikern zufolge sich eines Tages vielleicht als das absolute (Minimal-) Längen-Quantum innerhalb des Universums erweisen wird.

Die zweite, weniger gebräuchliche Achse *(Ox)* versucht nicht mehr die linearen Abmessungen der Dinge wiederzugeben, sondern (in dem oben erläuterten Sinne) den Grad ihrer Komplexität: eine, wie ich gleich betonen möchte, mehr imaginäre als reale Darstellung; sobald man nämlich über die Moleküle hinausgeht, wird es (zumindest im Augenblick noch) sehr rasch unmöglich, in einem Wesen die Anzahl der (einfachen oder komplexen) Teile zu errechnen, aus denen es sich zusammensetzt, sowie auch die Anzahl der Verbindungen, die zwischen diesen Teilen oder Gruppen von Teilen bestehen. Als groben Annäherungswert haben wir bei den kleinsten Korpuskeln als «Parameter der Komplexität» die Anzahl der in dem Korpuskel vorhandenen Atome benutzt.[1] Dies dürfte wohl genügen, um eine Vorstellung von der Größenordnung der außergewöhnlichen Zahlen zu geben, mit denen wir in diesem Bereich arbeiten müssen.

Ich habe versucht, mit Hilfe der beiden so gewählten Achsen das, was ich die Kurve der Korpuskelbildung im Universum nennen möchte, symbolisch und in seinem allgemeinsten Verlauf aufzuzeichnen –, eine Kurve, die man dadurch erhält, daß man die Korpuskeln, die uns in der Natur bekannt sind, ihren beiden Koeffizienten Länge und Komplexität entsprechend anordnet. Diese Kurve, die vom einfachsten Unendlich-Kleinen (Nukleonen) ausgeht, steigt bis zu den lebenden Korpuskeln steil an. Von da ab steigt sie langsamer, weil die Größe der Korpuskeln von jetzt ab nur noch verhältnismäßig wenig zunimmt. Ich habe sie asymptotisch in bezug auf den Erdradius gezeichnet, um anzudeuten, daß die höchste und umfassendste Komplexität, die es unseres Wissens im Universum gibt, von dem verkörpert wird, was ich weiter unten (Kapitel IV) die «planetarische» Menschheit nennen werde –, von der Noosphäre.

Nehmen wir einmal die Gültigkeit dieser Kurve an und untersuchen sie nun etwas genauer. Was besagt sie, wenn wir sie zu lesen verstehen?

---

[1] Bis zu den lebenden Korpuskeln könnte man sich zu diesem Zweck auch der Molekulargewichte bedienen. Darüber hinaus jedoch (d. h. über die Proteine hinaus) ist dieser Koeffizient nicht mehr meßbar und hat auch keinen klar umgrenzten Sinn mehr.

Zunächst einmal läßt sie uns erkennen, wie verstümmelt unser Universum wäre, wenn wir es auf das Unendlich-Große und das Unendlich-Kleine beschränken würden, das heißt auf die beiden einzigen Abgründe Pascals. Selbst wenn man die Tiefe der Zeit außer acht läßt und nur einen augenblickskurzen Abschnitt in der Entwicklung des Universums betrachtet, gibt es noch einen dritten «Abgrund», den der Komplexität. Lesen wir doch die Zahlen auf *Ox*: erreichen sie nicht geradezu astronomische Höhen? Die Welt baut sich also, räumlich gesehen, nicht nur auf zwei (wie man oft behauptet), sondern auf (mindestens) *drei* Unendlichen auf. Das Unendlich-Kleine und das Unendlich-Große. Daneben aber auch das Unendlich-Komplizierte, das wie das Unendlich-Große im Unendlich-Kleinen verwurzelt ist, dann jedoch entsprechend der ihm eigenen Richtung davon abweicht.

Dies veranlaßt uns nun sofort zu einer zweiten Bemerkung, die noch wichtiger ist als die erste. Jedes Unendliche, so lehrt uns die Physik, ist gekennzeichnet durch bestimmte spezielle, ihm eigene «Wirkungen». Womit nicht gesagt ist, daß es sie allein besäße, sondern nur, daß diese Wirkungen auf seiner besonderen Stufe wahrnehmbar oder sogar dominierend werden; so zum Beispiel die Quanten im Unendlich-Kleinen, so die Relativität im Unendlich-Großen. Was mag nun unter dieser Voraussetzung die besondere Wirkung des Unendlich-Komplexen sein, von dem wir soeben festgestellt haben, daß es ein drittes Unendliches im Universum darstellt? Ist diese spezifische Wirkung – genau besehen – nicht gerade das, was wir Leben nennen –, das Leben und die damit verbundenen einmaligen Eigenschaften: die einen äußerer Art (Assimilation, Reproduktion . . .), die andern innerer Art (Verinnerlichung, seelisches Leben)?

Dies ist, wenn nicht alles täuscht, die befreiende Perspektive, von der für uns die Bedeutung und die Zukunft der Welt abhängen. Wie ich bereits erwähnte, wurde das Leben lange Zeit als ein zufälliges Akzidenz der irdischen Materie angesehen, was zur Folge hatte, daß sich die gesamte Biologie noch immer ganz auf sich allein gestellt sieht, ohne klar erkennbare Verbindung mit der Physik. Dies ändert sich jedoch sofort, wenn das Leben (wie es durch meine Kurve der

Korpuskulisation nahegelegt wird) für die wissenschaftliche Erfahrung nichts anderes ist als eine spezifische Wirkung (als *die* spezifische Wirkung) der komplexer gewordenen Materie: eine Eigenschaft, die im gesamten kosmischen Stoff vorhanden ist, die jedoch für uns nur dort feststellbar ist, wo die Komplexität (unter Überwindung einer bestimmten Zahl von Stufen, die wir noch näher erläutern werden) einen gewissen kritischen Punkt übersteigt, unterhalb dessen wir nichts wahrnehmen. Die Geschwindigkeit eines Körpers muß derjenigen des Lichtes nahekommen, damit eine Veränderung seiner Masse für uns wahrnehmbar wird. Seine Temperatur muß 500 Grad erreichen, damit seine Strahlung für unsere Augen sichtbar wird. Warum sollte da nicht auf Grund genau desselben Vorgangs sich ergeben, daß uns die Materie bis zu einer Komplexität von vielleicht einer oder einer halben Million als «tot» erscheint (in Wirklichkeit müßte man «praevital» sagen), während sie darüber hinaus Äußerungen des Lebens zu zeigen beginnt?

Es ist interessant zu beobachten, wie von diesem Gesichtspunkt aus – demzufolge die Biologie nichts anderes wäre als die Physik des besonders Komplexen – alles, was im Bereich unserer Erfahrung liegt, sich einzuordnen beginnt; alles, wohlgemerkt, nicht zuletzt die Verbreitung und Verteilung der Lebewesen um uns herum. Betrachten wir noch einmal unsere Kurve der Korpuskelbildung. Ist es nicht auffallend, wie ungezwungen sie uns das denkbar *geschmeidigste und natürlichste Ordnungssystem* an die Hand gibt für alle die vielfältigen Einheiten, die die Welt ausmachen, in der wir leben? Nach *Oy*, das heißt nach der Größe geordnet, folgen und vermischen sich die einzelnen Kategorien von Objekten in einer Art, die keinen Zusammenhang erkennen läßt: wir erhalten hier keine Klarheit. Bei einer Anordnung nach der Komplexität jedoch läßt sich das Durcheinander der Dinge mühelos in eine harmonische Gliederung bringen. Lediglich die Sterne, in ihrer Eigenschaft als bloße *Aggregate*, finden in diesem Schema keinen Platz. Doch steht es keineswegs fest, daß wir nicht vielleicht schon morgen irgendeine präzise funktionelle Beziehung zwischen der Bildung der Moleküle (oder Korpuskeln) und der Kondensation der Sterne entdecken, wodurch auch die Sterne sich in unser Schema einfügen würden. Denn sind Fixsterne und Planeten nicht die Schmelztiegel, in denen die verschiedenen Partikeln entstehen, die das Universum bilden, sei es durch Integration (von den einfachsten zu den kompliziertesten), sei es durch Desintegration (von den kompliziertesten zu den einfachsten)? Gäbe es einen Menschen ohne die Erde?

Ein *natürliches Ordnungssystem*, wie ich noch einmal betonen möchte. Und folglich, so dürfen wir (gestützt auf eines der allgemeinsten und eindeutigsten Ergebnisse der jüngsten biologischen Forschung) mit Recht hinzufügen, zugleich eine *Reihenfolge der Entstehung* und damit ein Abbild des Werdens. Je mehr sich die Kurve von Abbildung 1 den Umrissen des Wirklichen nähert, desto besser vermag sie die augenblicklich in der Welt vorhandenen Typen von Korpuskeln in logisch zusammenhängender Weise zu gruppieren und deutlich zu machen, wie sich diese Typen im Verlaufe der kosmischen Entwicklung nacheinander herausgebildet haben,[1] was durch die ganzen modernen Wissenschaftsergebnisse bewiesen wird.

Wir wollen uns bemühen, zunächst den allgemeinen Ablauf und dann die verborgene innere Dynamik dieser Entstehungsgeschichte (oder genauer, dieser Kosmogenese) etwas näher aufzuzeigen.

IV. DER VORGANG DER KORPUSKELBILDUNG.
DER SCHRITT ZUM LEBEN

Auf der oben beschriebenen Kurve gibt es, wie bereits erwähnt, zwei entscheidende Hauptpunkte:

a) das Auftreten des Lebens im eigentlichen Sinne, ich verstehe darunter «wahrnehmbares und eindeutig als solches erkennbares Leben», den Punkt der «Verlebendigung» (vitalisation) oder, wie wir es nennen werden, der Herausbildung von Stämmen (phylétisation);

---

[1] Unter einschränkender Berücksichtigung – soweit nötig – der einen zeitlichen Querschnitt darstellenden Ausbreitung bzw. Fächerbildung, die (wie der Regenbogen) Abstufungen von Typen oder Objekten entstehen läßt, die durch ihr Nebeneinander eine «natürliche Reihe» bilden, ohne deshalb jedoch das Abbild von aufeinanderfolgenden Zuständen, die in der Zeit durchlaufen wurden, zu sein: *Spektren*, nicht *Stämme* von Formen.

b) das Auftreten des Menschen, der Punkt der Menschwerdung (hominisation) oder der Reflexion.

Beschränken wir in diesem ersten Kapitel unsere Aufmerksamkeit auf den prävitalen Abschnitt Oa. Ehe ich beginne, muß ich eine Entschuldigung und eine Erklärung vorbringen. Ich werde mich zeitweise auf ein Gebiet der Wissenschaft (Physik und Chemie) vorwagen, das nicht das meine ist. Der Leser möge in dieser Einmischung keine Anmaßung von mir sehen, Probleme lösen zu wollen, die meine Kompetenz überschreiten, sondern nur den Aufruf eines Biologen an seine Kollegen von der Physik und der Chemie, in ihren Forschungen dem Gesichtspunkt der Entstehungs- und Entwicklungsgeschichte einen immer breiteren Raum zu gewähren. Dann werden sehr wahrscheinlich ihre Bemühungen sich vereinigen mit denen, die unmittelbar daneben, im Bereich des Lebens, unternommen werden.

Kehren wir nun nach dieser Zwischenbemerkung zum Abschnitt Oa meiner Korpuskulisationskurve zurück. Auf der Abbildung ein sehr kurzer Abschnitt. In Wirklichkeit jedoch, in Anbetracht des Ausmaßes der davon betroffenen Materie sowie der Länge der Zeit, die von den ersten Anfängen zunehmender Komplexität (complexification) innerhalb des Kosmos beansprucht wird, eine Angelegenheit von ungeheurer, ja sogar allumfassender Tragweite. Denn dieser Vorgang der zunehmenden Komplexität spielt sich seit den ersten Anfängen des Universums in der Gesamtheit der siderlen Materie ab. Zunächst die ganze Umwandlung der Atome, und dann die der Moleküle!

DIE BILDUNG DER ATOME. Eine der bemerkenswertesten Erscheinungen, die sich im Verlauf des letzten halben Jahrhunderts auf dem Gebiet des wissenschaftlichen Denkens gezeigt haben, ist sicher das allmähliche, unaufhaltsame Eindringen der Geschichte in den Bereich der Physik und Chemie. Die Grundelemente der Materie vertauschen ihre Stellung als mathematisches Quasi-Absolutes mit der einer zufälligen, konkreten Wirklichkeit. Physik und Chemie, diese Bereiche des Kalküls, werden mehr und mehr zu einleitenden Kapiteln einer «Naturgeschichte der Welt». Welch ein Umbruch in unserer Vorstellung vom Universum!

Daß auch die Atome entstanden sind und entstehen, daran zweifelt heute niemand mehr. Aber welcher Art (einfach oder vielfach) muß man sich diese Entstehung vorstellen? – Es hat den Anschein, daß Astronomen und Physiker über diesen Punkt noch keineswegs einer Meinung sind. Wie gruppieren sich Kerne und Elektronen – Teilchen, deren Entstehung man eines Tages ebenfalls herausfinden oder sich doch wenigstens veranschaulichen muß –, wie also gruppieren sich Kerne und Elektronen, vom Wasserstoff bis zum Uran, innerhalb der verschiedenen Perioden, die durch die chemischen Ordnungszahlen und ihre Isotope bestimmt werden? Gelangen sie *direkt* (unter dem Einfluß bestimmter Temperaturen oder eines bestimmten Drucks) in die eine oder andere dieser Perioden («spektrale Reihe»), oder muß man sich vielmehr vorstellen, daß sie sich, ausgehend vom Sauerstoff, allmählich und stufenweise verbinden («additive Reihe»)? Oder umgekehrt, daß sie, gleichermaßen sprunghaft, aus der Dissoziation einer im Anfang überkondensierten Materie hervorgehen («subtraktive Reihe»)? Wenn ich recht unterrichtet bin, wissen wir im Augenblick eher darüber Bescheid, wie die Atome sich spalten als wie sie sich miteinander verschmelzen.

Aus all diesen Zweifeln löst sich jedoch eine Tatsache als sicher heraus, die einzige übrigens, die für mein Thema wirklich von Bedeutung ist, nämlich folgende: Welcher Art sich auch morgen die (noch näher zu erforschenden) Einzelheiten der Atombildung erweisen mögen, gegenüber den Vorgängen des Lebens zeigen sie auf jeden Fall ein entscheidend abweichendes Merkmal, das unsere Aufmerksamkeit auf sich ziehen muß: ich meine das *Fehlen* von echten Stämmen (oder *phyla*). Ob sich die Atome nun auf einmal oder in mehreren Phasen bilden, sie machen im Lauf ihrer Geschichte günstigstenfalls eine bloße «Ontogenese» durch. Ob mehr oder weniger langsam, letztlich entsteht ein jedes von ihnen nur für sich allein, ohne irgendetwas weiterzugeben, gleich einem Haus, das gebaut wird. Und die möglichen Häusertypen entsprechen einer mathematisch voraus zu berechnenden, begrenzten Zahl von Kombinationsmöglichkeiten. Trotz der erstaunlichen Erfolge der Kernphysik in bezug auf die «Trans-Urane» hat die Atombildung in der Materie offenbar eine Grenze erreicht, über die sie hinfort nicht mehr weit hinauskommen kann. Auf diesem Gebiet scheint der Fortgang der Korpuskelbildung praktisch unterbunden. Was nicht hindert, daß er in einer anderen, an Möglichkeiten reicheren Richtung einen neuen Anlauf nimmt, in der Richtung der Moleküle.

DIE ENTSTEHUNG DER MOLEKÜLE UND DER LEBENDEN PROTEINE.
Unter dem entwicklungsgeschichtlichen Gesichtspunkt, von dem wir ausgehen, ist eines der eigenartigsten Merkmale der Moleküle ihre Fähigkeit, überall auf der Welt der Atome in Erscheinung zu treten, auf ihr «zu keimen». Es gibt kein Atom, das nicht unter bestimmten Bedingungen eine molekulare Verbindung eingehen könnte. Aus diesem Grunde ist die Welt der Moleküle nicht eine Fortsetzung der Welt der Atome, sondern sie umgibt sie wie eine Hülle, gleich einer Wolke oder einer Atmosphäre. – Was in keiner Weise heißen soll, daß sich die Molekülbildung in bestimmten Bereichen und bei bestimmter Bestrahlung nicht als besonders aktiv und *additiv* erweisen würde, wie es, bei gemäßigten Temperaturen, auf der Basis des Kohlenstoffs in höchstem Grade der Fall ist. Während die Welt der Atome einer starren Ansammlung gleicht, läßt die Welt der Moleküle im Gegensatz dazu eine wirkliche Formbarkeit von innen her erkennen, die es ihr gestattet, sozusagen auseinanderzufließen und in jeder geeigneten Richtung eine Art «Pseudopoden» zu bilden. So zum Beispiel die wichtige Gruppe der geheimnisvollen *Proteine*, auf die sich nunmehr unsere Aufmerksamkeit richten soll.

Mit «Proteinen» bezeichne ich hier im allgemeinsten Sinne des Begriffes jene rasch und stark sich vermehrenden Substanzen (welche die organische Chemie mit so großer Ausdauer und Hingabe untersucht hat), wo sich binäre Gruppen wie etwa CO, CH, NH mit verschiedenen Radikalen verbinden zu einfachen oder vielfachen Reihen, die sich ring- oder kettenförmig zusammenschließen, bis sie unwahrscheinlich hohe Molekulargewichte (bis zu mehreren Millionen) erreichen; ein Umstand, der ihnen eine außerordentliche Wandlungsfähigkeit der Form verleiht. Man könnte sie mit einem Wortspiel «Proteus-artige Proteine» nennen.

Bei der Untersuchung der «Naturgeschichte» der Proteine ergibt sich eine ernsthafte Schwierigkeit aus der Tatsache, daß wir in unserer gegenwärtigen Welt die Proteine in ungebundenem Zustand nicht oder nur wenig kennen, sondern immer nur gebunden in lebenden Organismen, in deren Dienst und Schutz sie sich vermutlich im Lauf der Zeit stark zum Über-Komplizierten hin entwickelt haben.

Trotz allem, und trotz einer höchst unangenehmen Lücke in unseren Kenntnissen – einer Lücke, deren Vorhandensein auf dieser Stufe ein weiteres Beispiel dafür ist, daß (wie wir immer wieder betonen müssen) die unmittelbare Wahrnehmung irgendwelcher Ursprünge für unser Auge automatisch unmöglich wird, wenn sie entsprechend weit in der Vergangenheit zurückliegen –; trotz allem also drängt sich angesichts der gegenwärtigen Verbreitung der kohlestoffhaltigen Verbindungen an der Erdoberfläche die Vermutung auf, daß sich proteinartige Substanzen an der noch empfindlichen, der Strahlung ausgesetzten Oberflächenzone der jugendlichen Erde gebildet haben müssen; und daß sich in der Folge durch eine sozusagen unvermeidliche Auswirkung der geo-chemischen Vorgänge[1] in eben diesen ursprünglichen Proteinen das gewaltige Phänomen der Entstehung des Lebens vollzogen haben muß.

Wie wir noch sehen werden, muß im Pliozän inmitten einer größeren Ansammlung von Primaten und sozusagen in ihrem Schutz der Mensch aufgetreten sein. In gleicher Weise muß das Leben auf unserer Erde aus einem Überfluß an Proteinen hervorgegangen sein, sich sozusagen an ihm entzündet haben.

Gerade diese Tatsache aber stellt uns vor eine letzte Frage.

Im Falle des Menschen, so werden wir später darlegen, scheint es möglich, die ganze Reihe neuer Eigenschaften, welche die Bildung der Noosphäre kennzeichnen, mit einer Revolution psychischer Art in Zusammenhang zu bringen (Auftreten der Fähigkeit des Denkens). Woran sollen wir uns jedoch hier, im Falle des entstehenden Lebens, halten, um die grundlegende Mutation zu gewahren, die doch wohl zu irgendeiner Zeit und an irgendeinem Ort in der Masse der kohlestoffhaltigen Moleküle auf der Erde eingetreten sein muß und die

---

[1] Vgl. A. Dauvillier, «Le Cours de physique cosmique du Collège de France», Revue Scientifique, Mai 1945, S. 220.

gewissen Proteinen die wunderbare Möglichkeit gegeben haben muß, die Eroberung der Biosphäre auszulösen? – Wo finden wir diese Mutation, wenn nicht vielleicht in der Wahrnehmung einerseits der molekularen Dissymmetrie und andererseits des Vorgangs der zellularen Assimilation?

Versuchen wir, diesen wesentlichen Punkt besser zu verstehen.

Das Wesen wahrer korpuskularer Komplexität äußert sich, wie wir weiter oben gesehen haben, darin, daß sich (im Unterschied etwa zu den Vorgängen in den Kristallen) einheitliche, in sich geschlossene Gruppierungen bilden. Es gibt nun zwei verschiedene Arten, wie man sich solche in sich geschlossene Systeme vorstellen kann: entweder als endgültig in sich festgelegt (zum Beispiel ein Wasser- oder Benzin-Molekül) oder aber mit der Fähigkeit ausgestattet, ihren inneren Aufbau, das heißt ihre Komplexität, zu verändern, ohne deshalb zu zerfallen (wie wir es bei der Zelle sehen). Bei dieser zweiten Art von Korpuskeln bleibt die Einheit in jedem Augenblick wirklich in sich geschlossen, aber in einer *beweglichen Geschlossenheit*, so daß auch die Komplexität in jedem Augenblick zunehmen kann, ohne daß das Teilchen gesprengt wird.

Die «toten» (das heißt prae-vitalen) Proteine gehören trotz ihrer außerordentlichen Elastizität, die sozusagen vom Kristallinen (Isomere) bis zum Organischen reicht, noch zu der ersten Gruppe, jener der «festgelegten» Korpuskeln. Die elementarsten Lebewesen dagegen (Viren, Bakterien), und mögen sie den Proteinen auch noch so nahe stehen, sind gekennzeichnet durch die Tatsache, daß sie den Weg gefunden haben, immer eine Tür offen zu halten für eine weitere Zunahme an Komplexität und zu einer Einheit verbunder Heterogeneität.

Je mehr man über eine so einfache Sache nachdenkt, desto mehr fühlt man sich tatsächlich geneigt, die Welt des Lebendigen anzusehen als eine riesige Garbe von Partikeln, die durch den Vorgang der Assimilation und ihre Begleiterscheinungen (Assoziation, Reproduktion und Multiplikation . . . .) auf die Bahn einer *unbegrenzten Korpuskelentwicklung* geschleudert werden, deren Ende auf dieser Erde sich jedoch möglicherweise bereits abzuzeichnen beginnt (vgl. Kapitel V, Konvergenz der Noosphäre). Wir haben weiter oben den

Punkt *a* unserer Kurve als Vitalisationspunkt bezeichnet. Genau so gut könnte man ihn «Phyletisationspunkt» nennen. Von diesem Punkt an findet man Korpuskeln von immer rascher zunehmender und allmählich astronomisch hoher Komplexität. Doch im Unterschied zu dem, was sich vor diesem Punkt abspielte, entstehen und bestehen diese Korpuskeln nur noch *serienweise*, additiv, im Zusammenhang miteinander – wie eine Reihe oder eine Flugbahn –, noch nicht im Gleichgewicht untereinander und auf eine noch nicht erreichte Vollendung hin. Die ganze Physik und Chemie wird erneuert und gewandelt durch die Einführung und die Entfaltung der Phylogenese!

So also spielen sich die Dinge ab. Damit aber ein solcher Vorgang, den man als «entfesselte Molekülbildung» bezeichnen könnte, zustandekommen und bis heute andauern konnte, muß man da nicht die Existenz und die Einwirkung einer diesem Vorgang zugrunde liegenden mächtigen dynamischen Kraft annehmen?

Auf diesen Punkt wollen wir zum Schluß des Kapitels nun näher eingehen.

V. DIE DYNAMIK DER KORPUSKELBILDUNG.
DIE AUSBREITUNG DES BEWUSSTSEINS

Allmählich lösen wir uns von der überholten Vorstellung der Grenzen und der unveränderlichen Beständigkeit des alten Kosmos und beginnen mit dem Gedanken vertraut zu werden, daß das Universum in seiner Gesamtheit von gewissen Grundbewegungen beeinflußt wird. Zunächst von regressiven Bewegungen, die als erste erkannt wurden: Entropie, Energiezerfall. Aber auch von progressiven oder konstruktiven. Spricht man nicht heute davon, daß das Universum in explosiver Ausdehnung begriffen sei, ausgehend von irgendeinem ersten «Atom», in dem Raum und Zeit wie in einer Art von absolutem Nullpunkt zusammengepreßt gewesen wären?

In diesem Maßstab und in diesem Stil muß man, wenn nicht alles täuscht, auch über das Leben denken, wenn man den Menschen verstehen will.

Niemand erhebt irgendwelche Einwände, wenn man, um die Rotverschiebung der Spiralnebelspektren erklären zu können, ein Universum fordert, das sich in räumlicher Ausdehnung befindet. Warum aber dann nicht auch – um den beständigen, beharrlichen und allgegenwärtigen Vorgang der Korpuskelbildung zu erklären – ein Universum sich denken, das sich einheitlich, von oben bis unten, um sich selbst wickelt (zusammenrollt), bis es sich entsprechend seiner zunehmenden Komplexität verinnerlicht?

Ich weiß und fühle, warum. Unter dem Eindruck der Tatsache, daß vom alten deterministischen Standpunkt aus die Bildung mächtiger lebender Komplexe etwas Unwahrscheinliches an sich hat, lehnen wir es instinktiv ab, sie allesamt in ein wissenschaftliches System von strenger «Kausalität» einzugliedern. Immer kehrt die Idee des Außergewöhnlichen oder des Anomalen wieder, wenn es darum ginge, eine Physik des Organischen aufzubauen. Doch zwingen uns die Tatsachen nicht – eine ständig wachsende Zahl von Tatsachen – zu der Feststellung:

«Ein Teil des kosmischen Stoffes, der eindeutig auf sich selbst gestellt ist, zerfällt nicht nur nicht, sondern macht sich daran, aus einer inneren Antriebskraft heraus, Leben zu zeugen. So daß wir, sofern wir wirklich unsere ganze Erfahrung in die Wagschale legen und das Phänomen in seiner Ganzheit erfassen wollen, neben der Entropie (durch welche die Energie abnimmt), neben der Expansion (durch die sich die Schichten des Universums entfalten und verdichten) und neben der elektrischen Anziehungskraft und der Gravitationskraft (durch die sich der Sternstaub zusammenballt) noch die konstante, ewig fortdauernde Strömung der ‹verinnerlichenden Komplexifikation›[1] annehmen und berücksichtigen müssen – eine Strömung, der alle Dinge ohne Ausnahme sich beugen.»

---

[1] Aus diesem Grunde könnte man auch sagen, daß die beiden Achsen *Oy* und *Ox* auf unserer Abb. 1 (wenn man sie nicht mehr als Koordinatenachsen, sondern als Bewegungsachsen ansieht) zwei Hauptrichtungen der Entwicklung des Kosmos entsprechen: *Oy* gibt an, wie sich das Universum vom Unendlich-Kleinen zum Unendlich-Großen ausdehnt; während *Ox* zeigt, wie dasselbe Universum sich einrollt, sich zentriert, vom sehr Einfachen hin zum unendlich Komplizierten, wobei in beiden Fällen die Bewegung (wie beim freien Fall) immer rascher anstatt langsamer wird.

Die Ausbreitung des Bewußtseins

Damit wäre also ein erster Punkt erreicht. Unabhängig von jeglicher wissenschaftlichen (und mehr noch finalistischen) Deutung von unserer Seite verfällt das Universum, als ob es den Drang zur Komplexität als Ballast mit sich führte, auf immer vollkommenere Formen der Anordnung.[1]

Doch eine solche unvermittelte Feststellung befriedigt noch nicht unsere Wißbegier, die alles von Grund aus verstehen möchte. Die Tatsache, daß es im Kosmos eine Bewegung des Sich-Einrollens gibt, scheint unbestreitbar. Wo aber soll man die ihr zugrunde liegende treibende Kraft suchen?

Zu dieser Frage gibt es drei mögliche Auffassungen:

a) Entweder man sieht diese rätselhafte treibende Kraft der Korpuskelbildung im Kosmos in einem *sui generis* automatischen Ablauf natürlicher Auslese, durch welche die Materie (nachdem es ihr einmal nach den statistischen Regeln des Zufalls gelungen ist, über den Zustand des Ungeordnetseins und über die bloße Kristallisation hinauszukommen) dazu gebracht wird, die Bahn einer ständig wachsenden Komplexität einzuschlagen und nach der Art eines Schneeballs mit ständig wachsender Geschwindigkeit darauf weiterzurollen (materialistische Auffassung).

b) Oder aber man sucht diese treibende Kraft in einer «wachsenden Ausbreitung des Bewußtseins»,[2] da ja das Bewußtsein, gleich einer

---

[1] Wobei, was ausdrücklich betont sei, dieses Übergehen des Kosmos vom Einfachen zum Komplexen (oder, was auf dasselbe hinausläuft, vom Un-Geordneten zum Geordneten) dem Übergang eines ungeordneten Heterogenen in ein geordnetes Heterogenes entspricht, und nicht etwa dem Spencerschen Übergang vom Homogenen zum Heterogenen. Die anfängliche Vielzahl kann nur als eine unendliche, überall verstreute Verschiedenartigkeit verstanden werden.

Es sei hier nebenbei auch darauf hingewiesen, daß zwischen der verdichtenden Newtonschen Kondensationskraft (aus der die Sterne hervorgehen) und der «Gravitationskraft» der Komplexifikation (aus der das Leben hervorgeht) vielleicht eine verborgene Beziehung besteht. Auf jeden Fall treten beide nur gemeinsam in Erscheinung.

[2] Das Bewußtsein, d. h. das – durch Erfahrung erfaßbare oder, weil unendlich klein, auch nicht erfaßbare – *Innen* der Korpuskeln, sowohl der lebenden wie der praevitalen.

Idee, unaufhaltsam danach drängt, sich bis zum Letzten zu vervollkommnen, dieses Ziel aber nur erreichen kann, indem es seine Erfindungskraft dafür einsetzt, die Materie immer besser um sich zu ordnen, das heißt zu zentrieren. Hier gilt nicht, wie in der ersten Erklärung: «Das Bewußtsein in der Welt nimmt immer mehr zu, weil die (zufällig verwirklichte) Komplexität immer mehr zunimmt»; sondern: «Die (von vornherein angelegte) Komplexität nimmt immer mehr zu, weil das (allmählich entstandene) Bewußtsein immer mehr zunimmt» (spiritualistische Auffassung).

c) Oder aber wir müssen uns, wenn wir uns aus dem Konflikt Geist-Materie heraushalten wollen, mit der folgenden Feststellung begnügen: Im alten Laplaceschen Universum bleibt die einmal gesetzte Quantität der Zufälligkeit immer dieselbe, welche Wandlungen, von unbegrenzter Zahl, sie auch in jedem der aufeinanderfolgenden Zustände des Systems durchmachen mag. In einem Einsteinschen oder Heisenbergschen Universum dagegen variiert die Quantität der Unbestimmtheit (da sie durch die Auswirkung jeder einzelnen Korpuskel gespeist wird), und sie ist imstande, durch eine bessere Anordnung des Systems unbegrenzt anzuwachsen. Muß man das Lebendigwerden der Materie – wo immer es möglich ist – nicht als eine Art von Ventil ansehen für die unablässig zunehmende Masse von Unbestimmtheit, die das Universum absondert?

Aus meinen folgenden Ausführungen wird, wie ich hoffe, eines deutlich werden (vgl. Kap. V, S. 116): Bis zum ersten Auftreten des Menschen mag notfalls die bloße deterministische Triebkraft der rein natürlichen Auslese genügen, um äußerlich die Fortschritte des Lebens erklärlich zu machen. Von der Schwelle der Reflexion an benötigt man jedoch auf jeden Fall neben oder gar an Stelle der natürlichen Auslese die psychische Triebkraft der Erfindungsgabe, wenn man den Aufstieg der Korpuskelbildung im Kosmos bis zu ihren höchsten Formen hin erklären will.

In bezug auf diesen Punkt hat die Wissenschaft zweifellos noch nicht ihr letztes Wort gesprochen.

Auf alle Fälle steht zumindest eines fest, und das ist im Grunde auch die einzige Frage, die hier von Bedeutung ist: Wenn unsere Welt wirklich etwas ist, das auf die eine oder andere Art in einen Zustand des Geordnetseins übergeht, dann verstehen wir auch besser, daß das Leben innerhalb des Universums nicht mehr für einen bloßen unbedeutenden Zufall gehalten werden kann, sondern als etwas angesehen werden muß, das überall vorhanden ist und unter starkem inneren Druck steht, bereit, an jeder beliebigen Stelle im Kosmos durch den kleinsten Spalt hervorzuquellen; und das, wenn es einmal in Erscheinung getreten ist, jede Möglichkeit und jedes Mittel ausnützen muß, um zum Höchstmaß dessen zu gelangen, was es nach außen hin an Komplexität und nach innen hin an Bewußtsein erreichen kann.

Von daher erhält die Untersuchung des Menschen und seiner Entstehungsgeschichte, mit der wir uns nun beschäftigen wollen, eine grundlegende, geradezu dramatische Bedeutung.

Der Mensch: nicht ein zoologischer Typus wie die anderen, sondern der Kernpunkt einer Bewegung des Sich-Zusammenfaltens und der Konvergenz, einer Bewegung, in der sich – begrenzt auf unseren kleinen, in Raum und Zeit verlorenen Planeten – etwas offenbart, was wahrscheinlich die charakteristischste und aufschlußreichste Grundströmung der uns umgebenden Unendlichkeiten ist.

Der Mensch als das Ziel, auf das hin und in dem das Universum sich einrollt.

II

ENTFALTUNG DER BIOSPHÄRE
UND HERAUSBILDUNG DER ANTHROPOIDEN

Im Verlauf des letzten Kapitels waren wir bei der Betrachtung der «Kurve der Korpuskelbildung» im Kosmos, wie ich mich ausdrückte, bei Punkt *a*, dem Punkt der Vitalisation (oder Phyletisation) stehen geblieben, wo die Materie auf der Stufe gewisser, mit der geheimnisvollen Fähigkeit der «Assimilation» ausgestatteter Proteine hineingezogen wird in eine Strömung der Super-Molekularisierung, die beständig weitergehen kann. – In dem nun anhebenden zweiten Kapitel wollen wir unsere Analyse auf den Abschnitt *a b* (vgl. Abb. 1) ausdehnen, wobei der Punkt *b* selbst (das Problem der Menschwerdung oder der Reflexion) noch ausgeschlossen und seine Untersuchung dem folgenden Kapitel vorbehalten bleiben soll. Ein trotz seiner Grenzen ungeheuer umfangreiches, ja sogar unerschöpfliches Thema, denn dieser «kleine» Abschnitt stellt in Wirklichkeit die unwahrscheinlich vielgestaltige Gesamtheit von Millionen von Entwicklungslinien (Phyla) dar, die sich über eine Zeitspanne von mehr als 600 Millionen Jahren hin herausgebildet haben. Es ist dies ein Thema, bei dem es sich (gerade wegen seines Umfangs) lohnt, daß man es mit einem einzigen Blick zu umfassen versucht, indem man es auf seine wesentlichsten Grundzüge beschränkt.

Zu diesem Zweck werde ich nach einigen Bemerkungen über das, was man als die vermutliche Ausdehnung und den explosiven Charakter des Vitalisationspunktes *a* bezeichnen könnte, auf die folgenden Punkte näher eingehen:
1. Die mutmaßliche ursprüngliche Gestalt der Biosphäre.
2. Der Lebensbaum: allgemeiner Aufbau.
3. Der Lebensbaum: Welches ist seine «Spitze»? (Zunehmende Komplexität und Ausbildung des Gehirns)
4. Die Achse der Primaten und der «Keimfleck» der Anthropoiden im Pliozän.

VORBEMERKUNGEN.

DIE AUSGANGSBASIS DES LEBENS:

EIN- ODER VIELSTÄMMIGKEIT?

Auf der Kurve von Abbildung 1 ist der Beginn des Lebens in rein schematischer Weise durch einen Punkt dargestellt. Doch das ist nur ein Symbol. Welches Ausmaß oder auch welche innere Struktur muß man diesem «Punkt» nun in der physischen Wirklichkeit der Dinge zuschreiben, das heißt in welcher Anzahl und in welchem zeitlichen Rhythmus haben wohl die Proteinmoleküle jene besondere Mutation durchgemacht, die sie zu etwas Lebendigem werden ließ? Einzeln oder in Myriaden? Und falls das Leben nicht an einem einzigen Punkt hervorbrach, an wieviel Stellen und zu wieviel verschiedenen Zeitpunkten dann? Mit andern Worten: Muß man sich das Leben in seinen ersten Ursprüngen als ein- oder vielstämmig vorstellen?

Auf diese Frage, darauf sei gleich an dieser Stelle hingewiesen, konnten wir bisher noch keine sichere Antwort geben, und wir werden es zweifellos auch niemals können. Ich werde bald, nämlich anläßlich des ersten Auftretens des Menschen auf der Erde, Gelegenheit haben, mit Nachdruck darauf hinzuweisen, daß sich in allen Bereichen die «ersten Anfänge» verwischen. Durch die absorbierende Wirkung der inzwischen vergangenen Zeit sind sie für unsere Augen nicht mehr zu unterscheiden. Dieses Gesetz gilt sogar innerhalb der kurzen Geschichte der Menschheit. Wie könnte es dann keine Rolle spielen im Falle eines so unendlich weit zurückliegenden und so winzig kleine Teilchen betreffenden Ereignisses wie es die Belebung der ersten kohlestoffhaltigen Moleküle war!

Um unser Vorstellungsvermögen in dieser Hinsicht etwas zu beruhigen und um das Problem zu umschreiben, hat man indessen auf eine merkwürdige Tatsache hingewiesen, nämlich auf die sonderbare Gleichartigkeit, die man bei den lebenden Substanzen beobachten kann, und zwar in so eigentümlichen und zufälligen Punkten, daß die Ähnlichkeit in diesem Fall viel weniger das Ergebnis einer Konvergenz zu sein scheint als das Anzeichen einer wirklichen Verwandtschaft. Zum Beispiel trifft man bei den Lebewesen die molekulare

Dissymmetrie regelmäßig nur unter einer der beiden Formen an, die die chemischen Elemente anscheinend gleichermaßen annehmen können. Im Protoplasma sind Traubenzucker, Zellulose und Aminosäuren alle rechtsdrehend, Eiweißstoffe, Cholesterol und Fruchtzucker dagegen linksdrehend. Ebenso sind die Enzyme durch die ganze Reihe der Lebewesen hindurch dieselben. Wie soll man diese Übereinstimmung, diese «Einheitlichkeit des Plans» in derartigen Einzelmerkmalen erklären? Muß man darin, wie bei den fünf Zehen der vierfüßigen Wirbeltiere, einen Hinweis darauf sehen, daß das Leben in seinen ersten Anfängen auf verhältnismäßig eng beschränktem Raum aufgetreten ist, in einer mehr oder minder begrenzten Zone unserer Erde, durch eine einmalige Ausstrahlung in die zeitliche Dauer? Oder aber lassen sich diese kristall-chemischen Analogien vielleicht in Einklang bringen mit einer großen Breite der Ausgangsbasis und einer wiederholten Auswirkung von Auslese und Konvergenz?

In solchen Fragen will ich keine Entscheidung zu fällen versuchen. Und übrigens wozu auch? Im Grund ist an dieser Stelle unserer Untersuchung nur eines von Wichtigkeit, – daß man nämlich erkennt, daß im einen wie im andern Fall (das heißt ob nun im Anfang nur ein einziger Ausgangspunkt oder aber n Punkte der Verlebendigung da waren) das Ergebnis dasselbe sein mußte, und zwar eine außerordentlich rasche Ausbreitung über die gesamte photochemisch aktive Oberfläche unseres Planeten, als hätte sich diese Oberfläche damals, in bezug auf das Leben, sozusagen in einem Zustand der Über-Sättigung befunden, wodurch eine äußerst rasche Aufnahme ihrer der Belebung zugänglichen Bestandteile in ein und dieselbe Schicht herbeigeführt wurde –, eine erste Andeutung dessen, was im Verlauf der geologischen Zeiten die «Biosphäre» ergeben sollte.

I. URSPRÜNGLICHE MERKMALE DER BIOSPHÄRE

Unter Biosphäre soll hier nicht, wie dies fälschlicherweise manchmal geschieht, die Oberflächenzone des Erdballs verstanden werden, auf die allein das Leben beschränkt ist, sondern vielmehr die Hülle aus organischer Substanz, von der uns heute die Erde überzogen scheint: eine trotz ihrer geringen Dicke wahrhaft strukturelle Schicht unseres Planeten! Ein hochempfindlicher Überzug des Gestirns, auf dem wir leben, bewunderswert gut angepaßt, eine Schicht, durch die hindurch die (bis jetzt von unserem Geist noch mehr erahnte als wirklich verstandene) tiefere Verbindung sichtbar wird, die Biologie, Physik und Astronomie vereinigt in ein und demselben kosmischen Dynamismus.

In ihren Anfängen, in die wir uns zurückversetzen wollen, war die Biosphäre aller Wahrscheinlichkeit nach beschränkt auf die flüssige Schicht des Urmeeres. Wissen wir denn überhaupt, ob sich in jenen fernen Zeiten bereits irgendwelche ersten Andeutungen eines Ur-Kontinents über den Wassern erhoben?

Mit größerer Sicherheit darf man annehmen, daß der Protoplasma-Schaum, der an der Oberfläche des Erdballs auftauchte, von allem Anfang an neben seiner Verbreitung über den ganzen Planeten auch jenes andere Merkmal gezeigt haben dürfte, das im Lauf der Zeiten immer stärker hervortreten sollte, nämlich die enorme wechselseitige Verflechtung der Elemente, welche die noch ungegliederte, schwimmende Masse dieses Protoplasma-Schaumes bildeten. Denn eine Zunahme der Komplexität im Inneren eines jeden Korpuskels muß gleichzeitig eine immer engere Verwobenheit benachbarter Korpuskeln nach sich ziehen, und damit einen hochempfindlichen, stets schwankenden Gleichgewichtszustand zwischen ihnen. Mit dieser kollektiven interkorpuskularen Komplexität, einer natürlichen Ausweitung und Folge der jeder Partikel eigenen innerkorpuskularen Komplexität, werden wir uns dann beim Menschen wieder zu befassen haben, wo sie in Form einer «konvergierenden Gemeinschaftsbildung» einen ganz besonderen, abschließenden und einmaligen Ausdruck findet. Halten wir für den Augenblick lediglich das eine fest: Die Schicht der belebten Materie mag in ihren Anfängen noch so unausgeglichen und unzusammenhängend gewesen sein; es bestand doch schon von jener allerersten Phase an ein Netz von tiefgreifenden Kräften gegenseitiger Annäherung und Anziehung, die danach drängten, diese Unmasse von Partikeln, die mit Keimkraft geradezu geladen waren, in einer gewaltigen Symbiose immer enger zusammenzuschließen. Es war dies nicht eine bloße Masse, eine bloße Anhäufung, sondern ein Gewebe, das sich schon damals, unter dem langsam aber beständig wirkenden Druck der in sich geschlossenen Erdkrümmung, verdichtet hatte; ein Gewebe, in dessen Tiefen sich im Verborgenen die unzählig vielen Verzweigungen herauszubilden begannen, deren einzelne Merkmale wir nun zu entwirren versuchen müssen, um dann zu untersuchen, ob sich hinter der scheinbaren Unordnung neben der allgemeinen Ausrichtung auf eine immer größere Komplexität und ein immer höheres Bewußtsein hin nicht eine gemeinsame Richtung des Wachstums und der Entwicklung verbirgt.

II. DER LEBENSBAUM. ALLGEMEINER AUFBAU

Ich habe mich bemüht, mit der nachfolgenden Abbildung 2 in symbolhafter Weise und in äußerster Vereinfachung die großen Linien der Gliederung der Biosphäre aufzuzeigen, so wie sie ein ganzes Heer von Zoologen und Botanikern in zweihundertjähriger gründlichster und geduldigster Analyse herausgearbeitet haben. – Eine vereinfachte Darstellung, sagte ich; vergessen wir jedoch nicht, daß

Abb. 2. Der Lebensbaum oder die Verzweigungen des Lebens.
Vereinfachtes Schema (vgl. den Text)

es auch ein nach einem fiktiven Plan «ausgebreitetes» oder «entwickeltes» Schema ist, denn in der Wirklichkeit der Natur bilden die angegebenen Verzweigungen, biologisch und räumlich gesehen, in jedem Augenblick ein Ganzes, das gleich einem Knäuel eng in sich eingerollt ist. – Und noch eine Bemerkung: Das hier wiedergegebene Schema wurde von den Systematikern einstmals mit dem Ziel aufgestellt, daß es nur die Arten umfassen sollte, die gegenwärtig die Biosphäre ausmachen. Doch zeigt sich auch hier, wie im Falle der Abbildung 1 (und die Paläontologie gibt den Beweis dafür), daß die morphologische Gliederung der Typen genau der chronologischen Ordnung ihres Auftretens auf der Erde entspricht. Daraus folgt, daß der Lebensbaum, so wie er hier wiedergegeben ist, zugleich (wie jede naturwissenschaftliche Einteilung) betrachtet werden kann als Darstellung der Vielfalt lebender Formen der Gegenwart, wie auch als Darstellung der Geschichte ihres ersten Auftretens in der Vergangenheit; wobei für uns natürlich vor allem dieser zweite Gesichtspunkt von Interesse ist.

Nach diesen Erläuterungen wollen wir nun die verschiedenen Teile dieser Abbildung genauer betrachten. Es stehen sich hier, wie schon ein erster Blick zeigt, zwei scharf voneinander getrennte Bereiche gegenüber: unten ein ungegliedertes, wirres Durcheinander einzelliger Lebewesen; und darüber ein stark verzweigtes System von vielzelligen Organismen.

A. Die Einzeller. Vom entwicklungsgeschichtlichen Standpunkt aus, den wir ja durch dieses ganze Werk hindurch beibehalten wollen, gewinnt die Welt der Einzeller dadurch etwas besonders Fesselndes, daß sie den korpuskularen Ursprung und die korpuskulare Beschaffenheit des Lebens geradezu greifbar erkennen läßt. Ob man nun dabei verweilt, die Einfachheit der kleinsten Organismen zu betrachten, die man bis heute unter dem Mikroskop entdeckt hat (nicht mehr als hundert Proteinmoleküle in einer Bakterie von einer Länge von $1/_{1000}$ mm; und vielleicht nur ein einziges solches Molekül in den Ultra-Viren und den Genen ...); oder ob man versucht, sich das gewaltige Gewimmel von Protozoen und Protophyten (einzelliger Tiere und Pflanzen) vorzustellen, das die Süß- und Salzwasser der

Erde bevölkert, – in beiden Fällen beginnt die Schranke zu weichen, die für unser Auge zwischen dem Wesen eines Säugetieres und dem eines Atoms gelegen haben mag, als ob es sich um zwei grundverschiedene Arten handelte. Naturwissenschaftlich betrachtet gleicht das Leben, wenn es aus der Materie hervorgeht, einem Strom von Molekülen, und diesen Charakter behält es auch bei dank seinem erstaunlichen Vermehrungsvermögen.

Nachdem dies festgestellt ist, muß man jedoch sogleich hinzufügen, daß die *heutigen* Einzeller, ähnlich den noch nicht zivilisierten Volksstämmen unserer Zeit, trotz ihrer unbestreitbaren «Primitivität», uns nur eine sehr unvollkommene Vorstellung vermitteln von der möglichen Beschaffenheit dieser «Fauna» in den ersten Zeiten ihres Auftretens. In ihrer heutigen Zusammensetzung erweisen sie sich als eine außerordentlich alte und stark differenzierte Gruppe, in der sich Formen von äußerster Komplexität (Wimpernfusorien, Schalentierchen) neben solchen von höchster Einfachheit finden (Viren), die man vielleicht als Entartungsformen ansehen muß. Übrigens muß sich in einer Epoche, die zeitlich noch sehr nahe bei den Ursprüngen gelegen haben muß, eine entscheidende Spaltung in der zunächst verworren homogenen Masse der Einzeller vollzogen haben, – eine Spaltung, welche die Ur-Pflanzen (die sich durch Assimilation mit Hilfe von Chlorophyll ernähren) von den Ur-Tieren (die sich von jenen ernähren) schied; ganz zu schweigen von der noch geheimnisvolleren (und stationär gebliebenen) Gruppe der autotrophen Lebewesen (mit der Fähigkeit, Mineralien direkt aufzunehmen, auch ohne Mitwirkung der Sonnenenergie).

Von dieser anfänglichen Spaltung aus gehen wir nun weiter zu der Welt der Vielzeller, und zwar sowohl der Pflanzen wie auch der Tiere.

B. DIE VIELZELLER. Die tierische Welt der Vielzeller läßt heute – wenn man sie nach ihren wesentlichen Merkmalen und unabhängig von dem riesigen Reich der Pflanzen betrachtet, um das sie sich schlingt – *zwei besonders lebenskräftige Hauptstämme* erkennen, deren jeder (wie oft hervorgehoben wurde) eine der beiden wesentlichsten Lösungen des Problems des Lebens darstellt:

Einerseits der Stamm der Arthropoden oder Gliederfüßler (Spinnen, Insekten, Krustentiere), mit äußerem Panzer oder Skelett; *andererseits* der Stamm der Chordaten oder Wirbeltiere, mit vorwiegend innerem Skelett. Diese letzteren gingen eines Tages aus schwimmenden, fischähnlichen Formen hervor und bildeten die außergewöhnlich «monostrukturelle», fortschrittliche und rasch überhandnehmende Gruppe der gehenden Vierfüßler. Sie sind die auf den Kontinenten eindeutig vorherrschende Gruppe, von der wir auf Abbildung 2 lediglich die drei hauptsächlichsten, aufeinander fußenden Untergruppen der Amphibien, Reptilien und Säugetiere festgehalten haben.

Außerhalb und «unterhalb» dieser beiden Hauptstämme, und ohne klar erkennbare Verbindung mit ihnen, zeichnen sich noch andere, äußerst umfangreiche, aber entschieden weniger progressive Untergruppen der Tierwelt ab: hier die Trochophora (Würmer, Weichtiere), die den Arthropoden noch etwas näher stehen; dort die stärker davon abweichenden Stachelhäuter, Hohltiere und Schwämme, – sozusagen ein üppiger Hintergrund, Zeugen der erstaunlichen «schöpferischen» Fruchtbarkeit und der unglaublichen Fähigkeit sich zu vermehren, wie sie der noch jugendlichen Biosphäre eigen waren.

Damit wollen wir es bei dieser Aufzählung der hauptsächlichsten zoologischen Typen bewenden lassen und stattdessen nun versuchen, einen Gesamtüberblick über diese Welt der Vielzeller zu gewinnen. – Was zeigt uns, kurz gesagt, das vorliegende Schema, wenn man lediglich die Reihenfolge der Formen ins Auge faßt («Positions-Zoologie»)?

1. Zuallererst erkennen wir die zunehmende Bedeutung, die in der Welt des Lebens nach und nach *der Stamm* (oder das *Phylum*) gewinnt. Im Bereich der Einzeller sind (zumindest für unsere Augen) die Entwicklungslinien der Korpuskeln morphologisch gesehen kurz, als würden sich die einmal entstandenen Formen sehr rasch und fast ohne Ordnung fixieren: Myzelien, filzartige Gewebe ... Von den Vielzellern an jedoch wird der Stoff der Biosphäre eindeutig faserförmig (lange und deutlich ausgeprägte Stämme), und dieses neuartige Gefüge ermöglicht die breite morphologische Entfaltung,

die für die höheren Entwicklungsstufen in der Natur so kennzeichnend ist. Ein faseriges Gefüge, und zwar derart, daß man jede der auf Abbildung 2 wiedergegebenen Linien in Tausende (in gewissen Fällen, wie zum Beispiel bei den Arthropoden, sogar in Zehn- und Hunderttausende) von Linien, das heißt Stämmen, zerlegen müßte, um eine ungefähre Vorstellung davon zu bekommen, wie verwickelt das Netz des Lebens ist. Linien, von denen jede nicht nur durch eine besondere Eigenart äußerlich gekennzeichnet, sondern, zumindest in kleinsten Ansätzen,[1] auch innerlich mit einer besonderen Fähigkeit ausgestattet ist, einer ganz spezifischen, nicht übertragbaren Gabe der Erfindung und der Gemeinschaftsbildung.

2. Ferner zeigt sich die charakteristische Wirkung dessen, was man das *Gesetz der Ablösung* nennen könnte. – Die Beobachtung der uns in ihrer Gliederung am klarsten zugänglichen Abschnitte des Lebens zeigt, daß es sich anscheinend niemals sehr lange in genau derselben Richtung fortsetzen kann. Hier ein Schritt nach rechts, dort ein Schritt nach links .... Eine stete Folge von Verästelungen oder «Schuppen», deren fächerförmige Ausstrahlungen sich so ausgleichen und ergänzen, daß im ganzen gesehen der Eindruck der Kontinuität entsteht. – Diese «pulsierende» und divergierende Anordnung ist, wie ich es auf Abbildung 2 dargestellt habe, besonders offensichtlich, wo es sich in unserem System um die Größenordnung einer «Klasse» handelt. Genau wie im Falle der Kristalle oder bestimmter Pflanzen ist auch die Makro-Struktur des Lebensbaumes lediglich Abbild einer Mikro-Struktur, die für jeden seiner untergeordneten Äste und Zweige gilt: für Ordnungen, Familien, Gattungen, Arten und Rassen. Für alle Stufen und in allen Fällen gilt die Beobachtung, daß die lebenden Formen, die in der Dauer der Zeit aufeinander folgen, sich eher untereinander verschachteln, als daß sie sich gegenseitig unmittelbar fortführten. Daher ist es, wenn man die Geschichte der Biosphäre untersucht, so schwierig, irgendeine Entwicklungslinie in der Vergangenheit zu verfolgen, ohne alsbald in eine benachbarte Linie hineinzugeraten.

---

[1] Wie man notwendigerweise zugeben muß, sofern man sich nicht hinter einer rein deterministischen Erklärung der Evolution verschanzt, was übrigens schwer halten dürfte. (Vgl. S. 34)

3. Endlich: daß das gesamte, aus der wiederholten Brechung so vieler Strahlen hervorgegangene System sich auf eine kleine Anzahl bevorzugter oder den geringeren Widerstand bietender morphologischer Achsen ausrichtet, und zwar, wie aus Abbildung 2 hervorgeht, letztlich auf drei: Pflanzen, Gliederfüßler und Wirbeltiere. Unter dem Einfluß dieser Ausrichtung[1] zeigt das Leben, je weiter es sich entwickelt, unbestreitbar immer stärker die Tendenz, sich zu vereinfachen. Heißt das nun, daß das Leben bestrebt ist, auf diesem Wege aus seiner übergroßen Fülle allmählich ein zentrale Linie der Fortentwicklung (und des etwaigen Durchstoßes) herauszubilden, auf die es sich ganz konzentrieren würde? Mit anderen Worten: läßt der Lebensbaum, selbst wenn man ihn *vor* dem Auftreten des Menschen und also unter Ausschluß des Menschen betrachtet, bereits in seiner Anlage eine wirkliche «Spitze» erkennen, oder teilt er sich gegen seinen Gipfel hin lediglich in einen Fächer miteinander rivalisierender Formen? ... Es ist unmöglich, daß wir zu diesem neuen Problem Stellung nehmen, ohne zuvor den Versuch gemacht zu haben, unsere Methoden zur Messung der «korpuskularen Komplexität» zu vervollkommnen, so daß sie sich auch auf den besonders schwierigen Fall der am höchsten entwickelten Lebewesen anwenden lassen.

III. DER LEBENSBAUM. WELCHES IST SEINE «SPITZE»?
ZUNEHMENDE KOMPLEXITÄT UND AUSBILDUNG
DES GEHIRNS

A. Wahl eines neuen Parameters der Evolution: Komplexitätskoeffizient und Nervensystem. Machen wir uns zunächst einmal klar, worin die Schwierigkeit besteht, der wir hier begegnen. Wenn der Grad der Organisiertheit der Super-Korpuskeln ebenso

---

[1] Man könnte auch «Ausästung» sagen, ein Wortbild, das nebenbei bemerkt den Vorzug hätte, nicht auf die *Konvergenz* der Entwicklungslinien hinzuweisen, der wir später, bei der Besprechung der Noosphäre, begegnen werden.

Ausbildung des Gehirns

leicht festzustellen wäre wie zum Beispiel ihre Länge, dann wäre das Problem gar nicht vorhanden. Könnte man die Komplexität einer genügend großen Anzahl von Lebewesen auf Abbildung 2 nach ihrer Länge messen, so könnte man sofort feststellen, ob dieses System als Ganzes *im Aufstieg begriffen* ist, und ob es wirklich eine *Spitze* zeigt. Leider wissen wir (vgl. S. 22), daß wir so nicht vorgehen können. Gehen wir über die Moleküle hinaus, so vermögen wir die Komplexitätswerte, gerade wegen ihrer Größe, nicht mehr zu berechnen.

Ganz ohne Zweifel ist, *grosso modo*, die Welt der Einzeller einfacher als die der Vielzeller. In diesen Grenzen läßt sich die Richtung des kosmischen Prozesses der «Zusammenrollung»[1] durchaus noch auf unserem Abschnitt *a b* ablesen, so wie sie, in zwei ganz verschiedenen Formen (einmal vereinfacht, das andere Mal vergröbert), auf Abbildung 1 und 2 zum Ausdruck kommt. Aber wie sollte man ermessen, wie sich die Komplexitäten etwa einer Pflanze und eines Polypen, eines Insekts und eines Wirbeltieres oder eines Reptils und eines Säugetieres zueinander verhalten?

Wenn wir in unserer Untersuchung der Korpuskelbildung der Materie weitergelangen wollen, müssen wir nunmehr ganz offensichtlich einen Leitfaden, einen Kompaß finden, der uns weiterführt. Ich verstehe darunter irgendein Mittel, das uns erkennen läßt (und sei es auch nur auf indirekte Weise), ob bei dieser oder jener zoologischen Reihe die Komplexität wirklich zunimmt und mit welcher Geschwindigkeit. – Doch ist ein solches Unternehmen überhaupt möglich? Anscheinend ja, vorausgesetzt, daß man die bei allem Lebendigen notwendige Unterscheidung macht zwischen dem, was man «wesenhafte oder spezifische Komplexität», und dem, was man «zufällige oder gemeine Komplexität» nennen könnte.

Ich will das etwas näher erklären.

Der jeweilige Grad der Einrollung des Universums wird bestimmt und bemessen nach dem Grad der Lebensintensität (Vitalisation), den die Materie an dem betreffenden Punkt und in dem betreffenden Augenblick erreicht. Doch damit nicht genug. Die Lebensintensität

---

[1] Zur Erklärung des Begriffs «Zusammenrollung» (enroulement) vgl. «Der Mensch im Kosmos» Seite 296 ff. (Anm. d. Übers.)

eines gegebenen Korpuskels wiederum, so muß man ergänzend hinzufügen, wird bestimmt und bemessen durch seinen Grad der Verinnerlichung oder seine «psychische Temperatur» (sein Bewußtsein, das beim Menschen kulminiert in der Form der Freiheit). Diese beiden Variablen stehen, wie wir gesehen haben (vgl. S. 23 f.), in engem gegenseitigem Zusammenhang. – Was nichts anderes heißt, als daß, sofern es in einem Lebewesen zufällig einen gewissen Teil (ein gewisses Organ) geben sollte, der mit der psychischen Entwicklung dieses Wesens besonders eng verbunden ist, man die Komplexität dieses Teiles, und allein dieses Teiles, in Betracht ziehen könnte und müßte, um den von dem betreffenden Wesen erreichten Grad der Korpuskelentwicklung zu ermitteln; alles andere würde lediglich die Maßstäbe verwirren.

Habe ich damit nicht bereits auf *das Nervensystem* hingewiesen? Die Veränderungen, die das Nervensystem erfährt – oder genauer, jener Teil des Nervensystems, der zum Gehirn wird –, oder auch einfacher und mit einem einzigen Wort gesagt, die *Schädelbildung* (céphalisation), das ist der leitende Faden, den wir benötigten. – Wie wir wissen, sahen sich die Genetiker gezwungen, im Körper der Metazoen zwischen Somazellen und Keimzellen zu unterscheiden, wobei den letzteren allein die Aufgabe der Vererbung zufällt. In ähnlicher Weise und vielleicht mit noch größerem Recht sehen wir uns veranlaßt, bei den Metazoen zwischen dem *soma* und dem *phren*[1] zu unterscheiden, wobei das erstere für uns ohne Interesse ist, das letztere jedoch von entscheidender Bedeutung, wenn es darum geht, die Lebensintensität (degré de vitalisation) der Lebewesen zu bestimmen. Unter diesem stark berichtigten Gesichtspunkt ist es ziemlich bedeutungslos, welche Anzahl von Molekülen im Skelett oder in der Muskulatur eines Tieres vorhanden ist. Sogar der bloße Umfang seines Gehirns ist (bis zu einem gewissen Grade) von untergeordneter Bedeutung. Das einzige, worauf es bei der endgültigen Einordnung[2] der höheren Lebewesen letztlich ankommt, ist nicht so sehr die An-

---
[1] Ein griechisches Wort, welches das (mutmaßliche) Organ des psychischen Lebens bezeichnet (ursprünglich und wörtlich: *Hülle der Leber oder des Herzens*).
[2] Das heißt in der Reihenfolge ihrer «Komplexität».

zahl ihrer Gehirnzellen, wie vor allem der Grad der Vollkommenheit, den diese in Aufbau und Anordnung erreicht haben.

Dies sei ein noch reichlich schwer zu entziffernder (oder zumindest «schwer zu beziffernder») Parameter, wird man mir entgegenhalten. Gewiß, aber, er ist äußerst nützlich, insofern als er sich – wie wir sehen werden – an gewissen, präzisen morphologischen Merkmalen ablesen läßt, – wie zum Beispiel an der Einrollung, der Zusammenfassung oder der besonderen Entwicklung dieses oder jenes Teils des Gehirns.

Sehen wir nun einmal, wie unter Anwendung dieses (Schritt für Schritt nachzuprüfenden) Kriteriums der Schädel- oder Hirnbildung das Gewirr der unzähligen verschiedenartigen Lebewesen sich lichtet und ordnet, bis wir schließlich auf einen einzelnen Hauptstamm stoßen, der als ein einzelner Strahl emporschießt.

B. Erstes durch Anwendung des Parameters der Gehirnbildung gewonnenes Ergebnis: Die Hauptachse der kosmischen Zusammenrollung (oder Korpuskelbildung) auf der Erde verläuft durch den Zweig der Säugetiere.

Sobald man einmal annimmt, wie wir es getan haben, daß die Ausbildung des Gehirns der Lebewesen der eigentliche Gradmesser ihrer Lebensintensität ist, tritt eine radikale Vereinfachung ein, die das ganze Bild der Biosphäre verändert, weil durch den einfachen Austausch einer Variablen ganze Abteilungen des Systems automatisch ausscheiden, was ihre Entwicklungsmöglichkeiten und -aussichten in der Zukunft anbelangt.

Da ist zunächst das riesige Reich der Pflanzen, um das wir uns offensichtlich nicht mehr zu kümmern brauchen. Welches auch immer ihre wesenhafte Rolle innerhalb der allgemeinen Physiologie der Biosphäre oder (manchen Autoren zufolge) sogar der Grad ihrer Empfindungsfähigkeit sein mag, auf jeden Fall stellen die Pflanzen eher Dienerinnen als Bahnbrecher beim Aufstieg des Lebens dar. Findet sich doch in dem ganzen, unendlich weiten Reich der Pflanzen nichts, was Ähnlichkeit hätte mit Nerven oder gar einem Gehirn.

Ebensowenig brauchen wir uns mit den Trochophoren, den Hohltieren, den Stachelhäutern oder den Schwämmen zu befassen. Sie alle sind in der Organisation ihres Nervensystems viel zu verschwommen und einseitig festgelegt, als daß sie ernsthafte Konkurrenten darstellen könnten.

Auch bei der Welt der Gliederfüßler brauchen wir uns nicht lange aufzuhalten. Zwar haben wir hier echte und durchaus beachtenswerte Nervensysteme vor uns, die im Lauf der Zeiten sogar eine wirkliche Kephalisation durchmachen («gestielte Körper» der staatenbildenden Hautflügler). Doch kann man weder quantitativ noch qualitativ das Kopf-Ganglion eines Insekts ernstlich mit dem Gehirn eines noch so primitiven Wirbeltieres vergleichen. Zunächst quantitativ: so hochentwickelt die Anordnung der Nervenzellen im Kopf eines Insekts auch sein mag, so kann diese Perfektion des Wirkens doch auf keinen Fall einen Ausgleich bilden für den quantitativen Unterschied, der gegenüber dem Wirbeltier in die Milliarden geht. Ferner qualitativ: wie auffallend ist doch das völlige Fehlen jeglicher psychischen Geschmeidigkeit selbst bei den am höchsten entwickelten Insekten.

So bleibt also eindeutig nur der Zweig der Chordaten und hier insbesondere der Wirbeltiere. Angenommen, unsere allgemeine Theorie der Komplexität und unsere spezielle Wahl des Parameters der Cerebralisation treffen zu, dann gelangen wir durch Elimination notwendigerweise gerade zu diesem Zweig als demjenigen, der am genauesten der Achse $a\,b$ unserer Kurve der Korpuskelbildung entsprechen dürfte. – Bestätigt nun eine gründlichere Analyse der Gehirnbildung innerhalb dieser Gruppe diese Vermutung? Mit andern Worten: weist der Stamm der Wirbeltiere in seiner Gliederung die Merkmale des Fortschritts auf, die wir mit Recht von einer Hauptentwicklungslinie erwarten können, in der sich die Zusammenrollung des Universums verkörpert?

Selbst eine flüchtige Untersuchung der neuesten Ergebnisse der «Cerebrologie», das heißt der Wissenschaft vom Gehirn, erlaubt uns, diese Frage zu bejahen.

Wir wollen versuchen, dies an einigen besonders kennzeichnenden Beispielen darzulegen.

a) Betrachten wir zunächst einmal, ganz grob und allgemein gesehen, die aufeinanderfolgenden Erscheinungsformen, die zusammen-

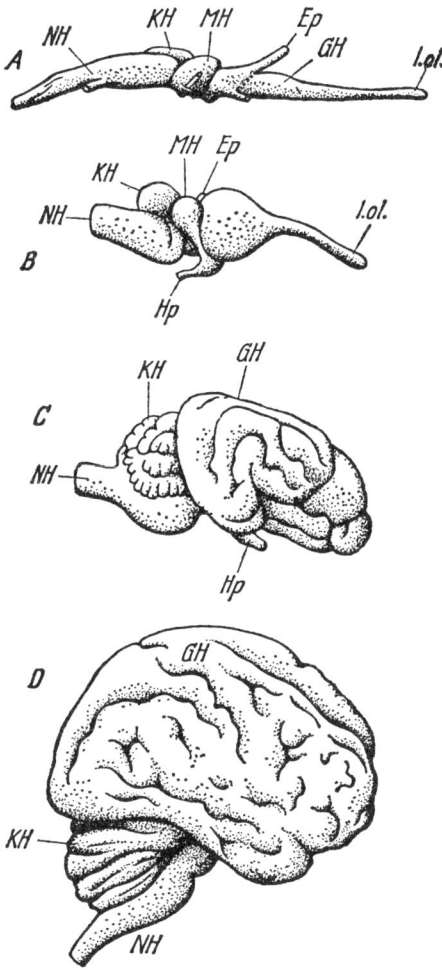

Abb. 3. Verschiedene Stufen in der Ausbildung des Gehirns der Wirbeltiere (nach Romer). A) Fisch aus dem Devon. B) Reptil. C) Hund. D) Mensch. – l. ol. lobus olfactorius, GH) Großhirnhemisphären, MH) Mittelhirn, Ep) Epiphyse, Hp) Hypophyse, KH) Kleinhirn, NH) Nachhirn. Man beachte die stufenweise fortschreitende Zusammenrollung des Gehirns um sich selbst, im Zusammenhang mit der zunehmenden Ausbildung der Großhirnhemisphären (vgl. Abb. 6)

genommen die Klasse der Wirbeltiere ergeben, so werden wir zweifellos feststellen müssen, daß von den Fischen zu den Amphibien, dann von den Amphibien zu den Reptilien und noch deutlicher von den Reptilien zu den Säugetieren ein ausgeprägter Fortschritt in der Ausbildung des Gehirns stattgefunden hat, und zwar nicht bloß ein allgemeiner, gewissermaßen vom Zufall herbeigeführter Fortschritt, sondern ein Fortschritt, der sich systematisch und selektiv vollzieht nach bestimmten, streng festgelegten Regeln.

Bei allen Wirbeltieren weist das Gehirn bekanntlich in seinem Aufbau, das heißt in der Anzahl und Anordnung seiner einzelnen Teile, eine bemerkenswerte Gleichartigkeit auf (vgl. Abbildung 3): das Vorderhirn (lobus olfactorius und Großhirnhemisphären); das Zwischenhirn (Sitz des Gesichtssinnes, Epiphyse, Hypophyse); das Mittelhirn (Corpora bi- und quadrigemina); das Hinterhirn (Kleinhirn) und schließlich noch das verlängerte Mark oder Nachhirn.

Nun lehrt uns aber die vergleichende Anatomie der lebenden Formen (und zwar auch ohne die Hilfe der Paläontologie), daß von den Fischen ab zwei besonders wesentliche Zonen des Gehirns von Gruppe zu Gruppe eine immer stärkere Neigung zeigen, die andern Teile zurückzudrängen, das heißt die Fortschritte der Cerebralisation ganz in sich selbst zu vereinigen. Es sind dies einmal das Kleinhirn, und dann vor allem die Großhirnhemisphären. Diese letzteren machen bei den am höchsten entwickelten Formen der Reptilien (den Vögeln) und in noch viel stärkerem Maße bei den Säugetieren (zumindest von bestimmten Stufen an und innerhalb bestimmter Phyla) eine äußerst rasche, ja revolutionäre und mehr und mehr um sich greifende Entwicklung durch, die so weit geht, daß sie allmählich die Schädelhöhle gewissermaßen für sich allein beanspruchen und das Kleinhirn ganz überdecken.

Als abschließender, zuletzt entstandener Zweig der Wirbeltiere erweist sich die mächtige Gruppe der Säugetiere als die in der Ausbildung des Gehirns am weitesten fortgeschrittene, als der jüngste und – in bezug auf die Gehirnbildung – zugleich am stärksten entwickelte Sproß an dem in dieser Hinsicht ohnehin schon fortgeschrittensten Stamm der Lebewesen. Im Sinne dieser Entwicklung dürfen wir aus den Fortschritten der Cerebralisation zweifellos eine

Zunahme der Komplexität oder Korpuskelbildung – unserer Annahme entsprechend – ablesen. Wir befinden uns also auf dem richtigen Wege und brauchen ihn nur weiterzugehen.

b) Gehen wir also einen Schritt weiter. Beschränken wir uns von nun an auf die Säugetiere und suchen wir (diesmal gestützt auf die Ergebnisse der Paläontologie) festzustellen, ob man innerhalb dieser Gruppe die für die Wirbeltiere ganz allgemein so kennzeichnende Gehirnentwicklung nicht auf klar erkennbare Weise und nach genau feststellbaren Stufen verfolgen kann bis in ein einzelnes Phylum hinein. – Diesen Versuch hat vor kurzem die amerikanische Paläontologin Tilly Edinger unternommen, und zwar in bezug auf die Familie der Equiden. Jedermann hat schon einmal von der allmählich klassisch gewordenen Genealogie der Pferde gehört, die schon hundertmal untersucht und wieder untersucht wurde, aber bisher immer nur hinsichtlich der Entwicklung der Hufe, der Zähne und des Schädels. Miss Edinger kam nun auf den glücklichen Gedanken, an Hand einer beachtlichen Anzahl von Schädelformen zu untersuchen, wie sich bei diesem außerordentlich gut erforschten Phylum[1] das Gehirn im Laufe der verschiedenen Zeitalter weiterentwickelt haben mochte. Eine eindrucksvolle Untersuchung, da es hier eine Entwicklung zu verfolgen und zu analysieren galt, die sich über nicht weniger als 55 Millionen Jahre erstreckt ... Die wichtigsten Ergebnisse dieser Untersuchung sind in der nachstehenden Abbildung 4 festgehalten. Wir ersehen daraus vor allem drei wesentliche Dinge:

1. Wenn man die Entwicklung dieses Phylums verfolgt, so tritt, im ganzen gesehen, die zunehmende Cerebralisation deutlich hervor, – und zwar in der erwähnten Art und Weise: zunehmende Ausbildung der Großhirnhemisphären (mit gleichzeitiger Rückbildung des lobus olfactorius oder Rhinenzephalons); starke Vermehrung der Furchen, was zu einer Vergrößerung der Oberfläche der grauen Hirnsubstanz führt; allmähliche Überdeckung des Kleinhirns.

2. Zu Beginn (Eohippus) ist das Gehirn noch äußerst primitiv: wenig entwickelte, kaum gefurchte Hemisphären, wie bei den Insektivoren.

---

[1] Ein sehr vielverzweigtes Phylum, das selbst wieder aus zahlreichen einander ablösenden Entwicklungslinien besteht (vgl. S. 47).

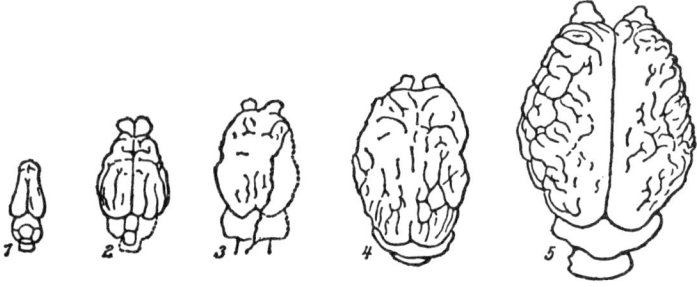

Abb. 4. Entwicklung des Gehirns bei den Equiden (nach Edinger).
1. Eohippus, älteres Eozän; 2. Mesohippus, mittleres Oligozän; 3. Merychippus, mittleres Miozän; 4. Pliohippus, mittleres Pliozän; 5. Equus, Pliozän.
Man beachte, wie die Ausbildung des Gehirns zunächst nur zögernd und langsam vor sich geht (das Gehirn des Eohippus steht noch auf der Stufe der niedersten Marsupialier), um dann vom Miozän ab plötzlich rasche Fortschritte zu machen.

3. Der Beginn der Cerebralisation (vom Mesohippus ab), ein sehr plötzlicher, beinahe revolutionärer Beginn, zeigt gegenüber der Entwicklung der Gliedmaßen eine deutliche zeitliche Verschiebung. Trotz seines noch zurückgebliebenen Gehirns (und trotz der Anzahl seiner Zehen) ist nämlich der Eohippus bereits ein richtiges «kleines Pferd».[1]

Wenn man also die Ausbildung des Gehirns bei den höheren Wirbeltieren durch ein und denselben Zweig hindurch verfolgt (in einem genügend langen Zeitraum von mehreren Jahrmillionen), dann stellt man fest, daß sie – im genauen Sinn der «Entwicklung» einer neuen Gehirnrinde oder eines neuen Palliums verstanden – nicht nur andauert, sondern sich ganz offensichtlich beschleunigt. Bei den Säugetieren befinden wir uns demnach in einem besonders aktiven Bereich

---

[1] Diese Tatsache legt den Gedanken nahe, daß die Überlegenheit der Säugetiere über die Reptilien in der Biosphäre ursprünglich weniger auf eine cerebrale Mutation (wie beim Menschen, vgl. S. 66) zurückgeht, als vielmehr auf eine physiologische Modifikation des Blutkreislaufs oder der Zeugung (Homoiothermie und Viviparie).

zunehmender kosmischer Komplexität oder Korpuskelbildung, – oder, um auf unseren Vergleich zurückzukommen, eindeutig auf einem Wipfelsproß des Lebensbaums.

Wäre es nun nicht möglich, diesen Wipfelsproß noch etwas genauer zu bestimmen; nicht nur innerhalb einer Unter-Klasse, sondern einer Ordnung oder gar (warum eigentlich nicht?) einer einzigen Familie? Und hier beginnen nun die *Primaten* eine Rolle zu spielen.

C. Zweites durch Anwendung des Parameters der Gehirnbildung gewonnenes Ergebnis: Die Achse der Korpuskelbildung auf der Erde verläuft durch die Ordnung der Primaten, genauer gesagt, durch die Familie der Anthropoiden.

Während die Equiden vor allem Läufer sind (wie andere Tierarten etwa Fleischfresser, Schwimm-, Kletter- oder Wühltiere), sind die Primaten in erster Linie von der besonderen Ausbildung ihres Gehirns her bestimmt, oder – wenn man lieber will – von der Tätigkeit ihres Gehirns und ihrer Hände; und zwar das eine durch das andere. In ihrem Fall (einmalig in seiner Art!) fällt die Orthogenese des Phylums zusammen mit der allgemeinen Orthogenese des Lebens. Es wäre also von höchstem Interesse, wenn man bei den Primaten die Geschichte der Entwicklung des Gehirns genauso bis in die Einzelheiten hinein zurückverfolgen könnte, wie dies bei den Pferden möglich war. Aus Gründen, die den Paläontologen wohlbekannt sind, erweisen sich jedoch gerade bei dieser Tiergruppe die fossilen Reste (und vor allem die Schädelreste) als besonders selten, wenn sie auch ausnahmsweise in Felsspalten und Höhlen, als ehemaligen Wohnstätten, erhalten geblieben sind.

Trotz dieser ungünstigen Umstände macht es eine ganze Anzahl von Indizien wahrscheinlich, daß die Ausbildung des Gehirns bei den Primaten seit dem Eozän in großen Zügen ungefähr parallel verläuft mit der Gehirnausbildung der Equiden. So entspricht etwa die Schädelform des *Adapis*, in der Einfachheit wie sie bei Insektenfressern gegeben ist, in erstaunlicher Weise der Stufe des *Eohippus*. Allerdings sind derselben Epoche auch andere Formen bekannt (Necrolemur, Tarsioiden), deren kugelförmiger Kopf vermuten läßt, daß seit dem älteren Eozän die Primaten, zumindest in einigen ihrer

Familien, den anderen Säugetieren gegenüber in der Ausbildung des Gehirns voraus waren.[1] Ob es sich hier nun wirklich um Vorläufer gehandelt hat oder nicht, eines ist klar, nämlich daß die Primaten, nachdem sie einmal (wie die Equiden, und etwa zur selben Zeit) in die Phase einer beschleunigten Entwicklung ihres Gehirns eingetreten waren, sich auf dieser Linie – auch abgesehen vom Menschen – rascher und weiter voranbewegten als alle anderen Lebewesen um sie her. Um sich davon zu überzeugen, braucht man nur einmal zu sehen, wie bei den «Primaten» der Primaten, nämlich den Anthropoiden (oder Anthropomorphen), die mit Furchen und Windungen überladenen Hemisphären das Kleinhirn allmählich vollständig überdecken. Dieses offenbar vom Miozän an erworbene Merkmal ist im großen Ganzen begleitet von einem beachtlichen Gesamtumfang des Schädels, – einem Umfang, der sicherlich eine bestimmte Bedeutung besitzt, wenn auch bis jetzt noch kein genauer Anhaltspunkt in dieser Richtung ermittelt werden konnte.

Wenn man sich erst einmal zu der Auffassung bekannt hat, daß bei den höheren Lebewesen der Grad der Cerebralisation als Maßstab für die *wahre* Komplexität (das heißt für den absoluten Stand ihrer Vitalisation) anzusehen ist, dann wird die Feststellung fast zur Binsenwahrheit, daß vor dem Auftreten des Menschen die Hauptachse des kosmischen Vorgangs der Korpuskelbildung auf der Erde durch die Ordnung der Primaten, genauer noch der Anthropoiden, verlief. Die Wissenschaft übernimmt und vertieft hier nur, wie so oft, eine allgemein verbreitete Vorstellung, die zu allen Zeiten bestanden hat.

Gestützt auf dieses Ergebnis wollen wir für einen Augenblick von der Anatomie zur Geographie übergehen. Nachdem wir an Hand genauer morphologischer Zeichen die biologisch zentrale Stellung der Primaten erkannt haben, wollen wir nunmehr ganz kurz ihre

---

[1] Die Merkmale des einzigen bisher beschriebenen Schädels eines Necrolemur (J. Hürzeler, Zur Stammesgeschichte der Necrolemuriden, Mém. suisses de Paléontologie, vol. 66, 1948, S. 33 ff.) stehen dazu allerdings in einem gewissen Widerspruch: verhältnismäßig sehr große und gewölbte, aber vollkommen glatte Hemisphären, die das Rhinenzephalon nicht überdecken, so daß es weiterhin deutlich über das Gehirn herausragt.

wechselnde Verbreitung über die Erde verfolgen, angefangen bei ihrem ersten Auftauchen in unserem Gesichtskreis bis zu dem Punkt, da die Entwicklung zum Menschen einsetzt.

Die Vorteile eines solchen Wechsels der Betrachtung werden sogleich einleuchten.

IV. DER «KEIMFLECK» DER ANTHROPOIDEN DES PLIOZÄNS IN DER BIOSPHÄRE

Zwar sind wegen der Seltenheit fossiler Reste unsere Kenntnisse des Knochen- und Schädelbaus der ersten Primaten noch betrüblich lückenhaft. Doch besitzen wir von ihnen genügend viele Zähne und Kieferteile, die so charakteristisch sind, daß wir mit den Hinweisen, die sie uns liefern, das Vorhandensein dieser Gruppe auf den verschiedenen Kontinenten vom Beginn des Tertiärs an durch die verschiedenen Zeitalter hindurch verfolgen und den jeweiligen Stand ihrer Entwicklung feststellen können.

Auf ihre wesentlichen Züge beschränkt, läßt sich diese biogeographische Entwicklung in folgende fünf Abschnitte gliedern:

a) *Erstes Auftreten im älteren Eozän*, über ein riesiges Gebiet hin, das zugleich Nordamerika und Westeuropa umfaßte, welche beiden Kontinente damals offenbar durch eine Art nordatlantischer Schwelle miteinander verbunden waren.[1] Sehr kleine Formen (kaum größer als eine Maus), manche von ihnen eindeutig «tarsioid» (Anaptomorphinae). Es wäre offensichtlich von größter Bedeutung, wenn man wüßte, was zur selben Zeit südlich der Thetys vor sich ging. Leider kennen wir auf dem afrikanischen Kontinent noch keinerlei fossile Ablagerung aus jener Zeit.

b) *Zunehmende Körpergröße und steigende Vermehrung im mittleren Eozän*. Während dieser Periode ändern sich anscheinend die allgemeinen Lebensbedingungen (sowohl zoologischer wie geographischer Art) für die Primaten nur wenig: dieselben Typen (Lemu-

---

[1] Eine sehr viel wahrscheinlichere Hypothese als die der transasiatischen Verbindungen, für deren Vorhandensein von der Paläontologie her gesehen keinerlei eindeutige Beweise vorliegen.

roiden und Tarsioiden) finden sich über dasselbe Gebiet verbreitet. Dennoch müssen tiefgreifende Umwandlungen bevorstehen oder bereits im Gange sein. Einmal ist anscheinend die transatlantische Landverbindung bereits unterbrochen, und ferner dringen die Primaten nunmehr nach Südamerika vor, wie aus den Verhältnissen hervorgeht, die wir vom Beginn der nächsten Phase an vorfinden.

c) *Aufspaltung und grundlegende Umgestaltung der Gruppe der Primaten im Oligozän.* In Nordamerika ist eindeutig nichts mehr von ihr zu finden; in Westeuropa sind lediglich noch einige Lemuroiden festzustellen. Dagegen bildet sich in Südamerika eine starke Gruppe von Platyrhinen (Breitnasen), und in Afrika (Fayum) taucht ein äußerst lebenskräftiges Evolutionszentrum auf, – ein Ausbreitungsherd, der sich wohl dort eher aus eigener Kraft gebildet hat als daß er von Europa her zustande gekommen wäre: *die ersten Anthropoiden.*

d) *Steigende Verbreitung der Anthropoiden im Miozän.* Von ihrem Zentrum in Afrika aus (wahrscheinlich in Zentralafrika, in Kenya) breitet sich in jener Zeit die Welle der Anthropoiden, allen voran der Dryopithecus, in einer weitgreifenden Bewegung über den ganzen südlichen Rand Eurasiens aus. Im Westen erreicht diese Welle über die inzwischen aufgefüllte Tethys hinaus Spanien, Frankreich und Süddeutschland. Im Osten erstreckt sie sich wahrscheinlich, obwohl wir dafür noch keine direkten Beweise besitzen, dem Indischen Ozean entlang bis zum Pazifik, wobei Himalaya und Yangtse nach Norden hin die Grenzen bilden. Danach ebbt der westliche Ausläufer dieser Welle südlich des heutigen Mittelmeeres wieder ab, während sie an den anderen Punkten vorhält und sich festigt. Das Endergebnis dieser Vorgänge könnte man bezeichnen als:

e) *Die Errichtung eines Reiches der Anthropoiden im Pliozän.* In der heutigen Natur bilden die großen Menschenaffen (Gorilla, Schimpanse, Gibbon, Orang-Utan) vom Gabon bis nach Borneo nur noch eine Reihe von Inseln, die keine Verbindung mehr untereinander haben. Von dort ging gegen Ende des Tertiärs der Mensch aus. Zu Beginn des Pliozäns jedoch muß sich – in Anbetracht der weiten Verbreitung und der großen Zahl der uns bekannten Fossilien – ein dichtes, lückenloses Netz der verschiedensten, in reger Mutation begriffenen Formen der Anthropoiden über eine breite tropische und subtropische Zone vom Atlantik bis zum Pazifik erstreckt haben. In den Ablagerungen jener Epoche am Fuße des Himalaya sind Zähne und Kiefer verschiedener Anthropoidenarten verhältnismäßig häufig; und wir wissen, daß der Orang-Utan in Südchina und Indochina auch zu Beginn des Quartärs noch stark verbreitet war.

Halten wir einen Augenblick inne und sehen wir uns dieses in so eigenartiger Weise bevölkerte Gebiet unseres Erdballs näher an. Versuchen wir uns klar zu machen, warum von diesem Raum und diesem Zeitabschnitt eine so außergewöhnliche Intensität des Lebens ausging.

Auf den ersten Blick könnte man die Szene wenig interessant finden: was ist der triumphale Aufstieg der Primaten im Pliozän schon besonderes, warum sollte er bemerkenswerter sein als die Erfolge, die überall und zu allen Zeiten auch von anderen Tierarten im Verlauf der Besiedlung der Erde errungen wurden?

Und dennoch, im Lichte der Grundauffassungen, die uns bei unseren Darlegungen unaufhörlich geleitet haben, von den ersten Anfängen der Korpuskelbildung im Universum bis zu diesem Heraufdämmern unserer heutigen Welt, zeigt sich da nicht etwas tief Symptomatisches, ja sogar geradezu Dramatisches, hinter der scheinbaren Alltäglichkeit der Vorgänge? Denn ist der Ausdehnungsbereich der Anthropoiden nicht wie durch Zufall zugleich ein Bereich verstärkter Ausbildung des Gehirns, also höchster vitaler Spannung? ... Einen Augenblick lang mochte man glauben, der Strom zunehmender Komplexität im Kosmos habe sich im Gewirr, im «Sand» der Biosphäre verloren. Und nun ist er plötzlich wieder da, doch nunmehr in feste Bahnen gelenkt durch eine Kette von Neuronen, ausgeprägter als je zuvor, nicht nur zoologisch individualisiert in einer einzelnen Familie der Primaten, sondern auch räumlich fixiert – gleich dem Keimfleck eines Eies – auf ein bestimmtes Gebiet der Erde.[1] Im

---

[1] Ein Gebiet, das ausgedehnt genug ist, um eine intensive Vermehrung *sowohl* der allgemeinen Bevölkerung *als auch* kleiner Bevölkerungsinseln der genannten Primaten zu ermöglichen. Der erstere Umstand vergrößert – durch die Wirkung der Masse – die Aussichten, daß «die zum Menschen führende Mutation» überhaupt auftritt; der letztere – durch die Wirkung der Abschließung –, daß sie auch erhalten bleibt.

Laufe der geologischen Zeiten hat sich innerhalb der «verlebendigten» Materie eine ständig wachsende Masse von Nervensubstanz immer weiter individualisiert und eine immer bessere Organisation erlangt. Und nun konzentriert sie sich, in ihrer vollkommensten Form, auf einen bestimmten Raum unserer Erde. Ist dies nicht ein Zeichen dafür, daß in der Biochemie unseres Planeten ein großes Ereignis sich vorbereitet?

Weiter oben (Kapitel I, S. 29), als wir die Merkmale der noch jugendlichen Erde zu rekonstruieren versuchten, gelangten wir zu der Vorstellung, daß auf der Oberfläche der Erde bestimmte Ansammlungen oder «Inseln» von Proteinen schwammen, von denen wir hatten sagen können, daß sie eine erste Äußerung des Lebens waren. 600 Millionen Jahre später, also insgesamt gesehen nicht allzu weit von unserer Zeit entfernt, wiederholt sich dieser Vorgang auf einer höheren Ebene. Für den, der zu sehen vermag, bedeutet auch der «Keimfleck» der Anthropoiden des Pliozäns die Morgenröte eines neuen, aufsteigenden Lichtes.

Gerade aus dieser aktiven kontinentalen Zone werden wir dann irgendwo – unter Überwindung einer entscheidenden Schwelle in dem Prozeß der kosmischen Einrollung und Verinnerlichung – das Denken aufsteigen sehen, über die Biosphäre empor und diese überlagernd.

III

ERSTES AUFTRETEN DES MENSCHEN
ODER DIE SCHWELLE DER REFLEXION

EINLEITUNG. DAS DIPTYCHON

Unter den ungezählten Gegensätzen, denen wir uns bei einer Betrachtung alles dessen, was sich im Laufe der geologischen Zeiten abgespielt hat, gegenübersehen, kenne ich keinen fesselnderen als den Gegensatz zwischen der Erde des Pliozäns und der Erde unserer Zeit. Nehmen wir einmal ein Gebiet unseres Kontinents, das sich seit dem Pliozän nur unwesentlich verändert hat, zum Beispiel das Pariser Becken. Wenn wir versuchen, uns dieses Gebiet, wie auf zwei nebeneinandergestellten Tafeln, einmal zur Zeit kurz vor dem Villafranca-Menschen vorzustellen und daneben so, wie es sich heute unserem Auge bietet, was zeigen uns dann diese beiden Tafeln?

Der topographische und klimatische Rahmen ist gegen Ende des Pliozäns in großen Zügen bereits derselbe wie heute: die Seine, die Loire, die Piedmonttreppe rund um das Zentralmassiv; alles unter einem gemäßigten Himmel. Und mit Ausnahme der inzwischen hier ausgestorbenen Großtiere (Elefanten, Rhinozerosse) gehören die Tiere jener Zeit alle zu noch heute lebenden Typen (Wölfe, Füchse, Dachse, Hirsche, Wildschweine ....); also fast schon *unsere* Welt. Und doch eine Welt, die – wenn man so sagen darf – heimgesucht ist von einer riesigen Leere. In diesem fast vertrauten Rahmen finden wir nämlich keinen Menschen, – nicht einen einzigen Menschen. Wäre in jener gar nicht so fernen Epoche (vor ein oder zwei Millionen Jahren) jemand durch ein Wunder auf unseren Planeten versetzt worden, so hätte er die gesamte Erde durchwandern können, ohne irgend jemandem zu begegnen. Ich betone: *ohne irgend jemandem zu begegnen*. Versuchen wir doch, so richtig nachzufühlen, was diese einfachen Worte an Fremdheit, Verlorenheit und Einsamkeit in sich schließen.

Was sehen wir nun daneben, auf der andern Tafel des Diptychons? Menschen, Menschen überall; Menschen bis zum Überdruß; den Menschen, der jegliche Aussicht versperrt mit seinen Haustieren, seinen Häusern, seinen Fabriken; eine Menschheit, die jeden Landstrich und jeden Überrest einer wilden Fauna förmlich überschwemmt.

Beim Anblick einer derartigen, in so kurzer Zeit eingetretenen Veränderung erhebt sich in uns unweigerlich die Frage: Was ist zwischen den beiden Stadien, zwischen den beiden Epochen, die doch so nahe beieinander liegen, vor sich gegangen, das einen solchen grundlegenden Unterschied zu bewirken vermochte? was für eine Katastrophe? oder was für eine tiefgreifende Wandlung im Ablauf der Evolution?

Als es bei den ersten Anfängen des Lebens, unter ähnlichen Verhältnissen (nämlich beim Auftauchen der Biosphäre), darum ging, einen Grund zu finden für die blitzartige Ausbreitung der ersten dünnen Schicht organisch gewordener Materie über die Erde, da sagten wir: Zweifellos haben bestimmte Proteine durch Zufall gerade die Struktur vorgefunden, die ihnen die Assimilation ermöglichte.

Hier nun bringen wir dieses «Phänomen von Ausbreitung» mit einer Mutation psychischer Art in Verbindung und behaupten (gestützt auf eindeutig nachweisbare Tatsachen): Die biologische Revolution, die durch das Auftreten des Menschen verursacht wurde, erklärt sich aus einem explosionsartigen Durchbruch des Bewußtseins; und dieser Durchbruch des Bewußtseins wiederum erklärt sich ganz einfach dadurch, daß ein begünstigter Strahl der Korpuskelbildung, das heißt ein zoologisches Phylum, die bis dahin unüberschreitbare Linie durchstoßen hat, die den Bereich unmittelbaren seelischen Lebens von dem des bewußten seelischen Lebens trennt.[1] Als das Leben, in der Verfolgung dieses Strahls, einen kritischen Punkt der Formung (oder, wie wir es hier nennen, der Einrollung) erreicht hatte, konzentrierte es sich so stark auf sich selbst, daß es das Vermögen der Voraussicht und die Gabe der Erfindung erlangte.[2] Das Leben erreichte damit ein Bewußtsein «zweiten Grades», und es besaß nun die Fähigkeit, im Laufe von einigen hunderttausend Jahren die Oberfläche und das Gesicht der Erde zu verwandeln.

---

[1] Hätte zufällig ein anderer zoologischer Zweig diese kritische Scheide früher als der Mensch überwunden, so wäre nie der Mensch entstanden, denn dann hätte sich dieser andere Zweig zur Noosphäre entfaltet.
[2] Und natürlich alles das, was sich daraus an forschendem und schöpferischem Denken auf der Welt ergibt.

In den beiden nächsten Kapiteln werde ich ausschließlich die Fortschritte dieser geistigen Bewußtheit verfolgen, vor allem auf dem Gebiet der Gemeinschaftsbildung, – Fortschritte, in denen das letzte und zweifellos höchste Streben der Natur nach Komplexität zum Ausdruck kommt.

In dem laufenden Kapitel wollen wir uns aber zunächst darum bemühen, die unserer Beobachtung zugänglichen Bedingungen zu untersuchen, unter denen sich diese ungeheure (und zeitlich gar nicht so fern liegende) Umwandlung wahrscheinlich vollzogen hat. – Mit anderen Worten: Wo hat man diesen *Schritt in die Reflexion* anzusetzen und wie kann man ihn wissenschaftlich definieren?

Eine schwierige und komplizierte Frage, die mich zwingt, zwei Reihen von Überlegungen anzustellen, von denen eine der anderen die Waage hält, nach folgenden Hauptgesichtspunkten:

1. Grundsätzlich ist der Mensch nach der Auffassung der Wissenschaft auf genau dieselbe (geographische und morphologische) Art und Weise in Erscheinung getreten wie jede andere Spezies auch.

2. Dennoch stellen wir bei ihm von allem Anfang an gewisse Eigenschaften fest, die eine höhere Stufe von Lebendigkeit erkennen lassen, als wir sie bei den anderen Arten antreffen.

I. DIE ENTSTEHUNG DES MENSCHEN: EINE MUTATION, DIE IN IHREN ÄUSSEREN MERKMALEN ALLEN ANDEREN MUTATIONEN GLEICH IST

«Die Menschheit ist grundsätzlich in derselben Weise in Erscheinung getreten wie jede andere Spezies auch.» Was bedeuten diese Worte? Sie enthalten mehrere positive Aussagen, wie wir noch sehen werden. Aber sie weisen auch auf eine negative, geradezu enttäuschende Tatsache hin, über die wir uns zunächst einmal klar werden müssen, wenn wir so manche unnütze Bemühungen und Hoffnungen auf dem Gebiet der Paläontologie des Menschen vermeiden wollen. Ich meine damit den Umstand, daß sich die allerersten Anfänge des Menschen – genau wie die jeder anderen Form des Lebens – ihrer Natur nach, selbst bei stärkster Vergröberung, jeglicher unmittelbaren Erfahrung entziehen. Ich hatte bereits Gelegenheit, kurz darauf hinzuweisen (S. 29 und 40), daß unsere Versuche, die Vergangenheit zu rekonstruieren, von dem Verhängnis verfolgt scheinen, daß uns gerade das unzugänglich bleibt, was uns an den Dingen am meisten interessieren würde, nämlich ihr erster Beginn. Sei es der Ursprung einer Intuition oder einer Idee, der Ursprung einer Sprache oder eines Volkes, oder, a fortiori, der Ursprung einer Spezies oder einer zoologischen Schicht: stets ist es unmöglich, ihr erstes Auftreten festzuhalten.

Je mehr man über diese anscheinend zufällige Eigentümlichkeit unserer Erfahrung nachdenkt, desto mehr wird man sich bewußt, daß sie in Wirklichkeit ein Grundgesetz der «kosmischen Perspektive» darstellt, dem alles unterworfen ist; es ist das Gesetz der selektiven und absorbierenden Wirkung der Zeit, durch welche die am wenigsten ausgeprägten und kleinsten Abschnitte einer Entwicklung, welche Gestalt sie auch immer habe, unserem Blick entzogen werden. Ob es sich nun um ein Einzelwesen oder eine Gruppe, um eine Idee oder eine ganze Kultur handelt, die ersten Anfänge bleiben nie erhalten.

Unter diesen Umständen ist es begreiflich, daß wir uns darauf gefaßt machen müssen, daß wir dort, wo in den Tiefen der Zeit der Nullpunkt der Anthropogenese liegt (es handelt sich hier bereits um eine Entfernung von geologischer Größenordnung), eine bedauerliche Lücke in unserem Bild von der Vergangenheit vorfinden. Wie könnten wir auch hoffen, jemals die Spuren der ersten Menschen zu entdecken, wo wir doch schon darauf verzichten müssen, die ersten Griechen oder Chinesen aufzufinden? Alles, was uns die Gesetze der historischen Perspektive in einem solchen Fall erhoffen lassen, ist, daß wir den Bereich der Unsicherheit (der Unbestimmbarkeit) auf ein gewisses Minimum herabdrücken können, innerhalb dessen sich ein Punkt verbirgt, den wir nicht zu greifen vermögen, – sozusagen die Quelle des Flusses, den wir bis zu seinen Ursprüngen zurückverfolgen wollen.

Wenn sich uns auch, aus der Natur der Sache heraus, der Punkt der Entstehung des Menschen in seiner konkreten Wirklichkeit entzieht, so hindert uns doch nichts, ihn wenigstens indirekt, in seinem

Aussehen (das heißt bestimmten Eigenschaften und Merkmalen) zu bestimmen, indem wir die Ausstrahlungen, die von ihm ausgehen, zu deuten versuchen. Was die geographische Lokalisierung und die genauen morphologischen Verhältnisse anlangt, wird sich die zum Menschen führende Mutation dem Zugriff unserer Forschung immer entziehen; daran ist nichts zu ändern. Dagegen erschließt sich die Frühzeit der Menschheit nach und nach unserem Blick auf Grund der zahlreichen Forschungen, welche die Prähistoriker in dieser Richtung unternehmen. Und das genügt, um uns die Feststellung zu erlauben, daß sich die erste Menschwerdung in ihren großen Zügen nach dem allgemeinen Gesetz jeglicher «Artbildung» vollzogen haben muß, demzufolge die einzelnen Gruppen von Lebewesen stets sofort als ein verzweigtes Ganzes in Erscheinung treten, im Begriff, sich weiter zu teilen.[1]

Das ist es, was ich im ersten Teil dieses Kapitels aufzeigen möchte, wobei ich zunächst einmal eingehen will auf das, was mir als *die wahre Bedeutung der «Prähominiden» des Fernen Ostens* erscheint.

A. DER ZWEIG DES PITHECANTHROPUS. Um 1890 wird der erste Pithecanthropus (p. erectus) entdeckt, ein zunächst rätselhafter, vereinzelter Fund. Von 1930 ab folgt dann eine ganze Reihe von Sinanthropus-Funden in Nord-China. Danach kommen weitere Funde des Pithecanthropus erectus auf Java. Dann, wiederum auf Java, der massige, überaus kräftige *Pithecanthropus robustus*. Dann der Meganthropus, ebenfalls auf Java, dazu in Mittelchina ein anderer Riese, der Gigantopithecus. Sie alle stammen aus dem älteren Quartär. Dazwischen liegt noch die Entdeckung des *Homo soloensis* aus dem jüngeren Quartär Javas, den man zunächst nicht einzuordnen wußte, schließlich aber (was uns heute als selbstverständlich erscheint) als direkten Abkömmling des Pithecanthropus erkannte.

---

[1] Man braucht hier wohl kaum darauf hinzuweisen, daß die Frage, ob ursprünglich nur ein einziges *Paar* vorhanden war (Monogenie), keinen Anspruch auf wissenschaftliche Bedeutung erheben kann, da die Paläontologie die Arten ja nur in Form von *Gruppen* zu erfassen vermag, und überdies erst in ziemlichem Abstand vom Zeitpunkt ihrer Entstehung. Bei größerer zeitlicher Entfernung liegt für uns die unterste Grenze wissenschaftlicher Betrachtung des Lebens bei den vorhandenen Artbeständen.

Es ist hier nicht der Ort, noch einmal die ganze Geschichte und Ausdeutung der zahlreichen Funde der letzten zwanzig Jahre darzulegen, die uns plötzlich gezeigt haben, welch große Zahl und Vielfalt von urgeschichtlichen Menschentypen einstmals in den pazifischen Küstengebieten Asiens verbreitet war. Um deutlich zu machen, was mir die ursprüngliche Struktur der Gruppe der Hominiden zu sein scheint, muß ich jedoch auf den trotz seiner Offensichtlichkeit zu wenig beachteten Verlauf der Entwicklungskurve hinweisen, wie er in der (geographischen wie auch zeitlichen und morphologischen) Verteilung dieser vielfachen Zeugen fernster menschlicher Vergangenheit zum Ausdruck kommt.

Wir haben wegen der geringeren Mühe, die damit verbunden ist, immer die Neigung, die Entwicklungen des Lebens über einen zu kurzen Zeitraum hinweg und allzu vereinfacht zu sehen. Als es sich erwiesen hatte – vor allem nach den Funden von Choukoutien –, daß der Pithecanthropus wirklich zu den Hominiden gehörte, war die erste Reaktion der Anthropologen die, daß sie nun glaubten, mit dem Menschen von Trinil und Peking besäßen sie bereits den «Menschen des älteren Quartärs» schlechthin und könnten ihn auch dementsprechend bestimmen. Sie erlagen dabei einer ähnlichen (inzwischen längst vergessenen) Illusion wie so viele bekannte Prähistoriker, die bis etwa 1920 zu der Ansicht neigten, alle voreiszeitlichen Menschen müßten Neandertaler gewesen sein. Heutzutage, da die chinesisch-malaiischen Funde besser bekannt und ausgewertet sind und nun in aller Gründlichkeit in ihrer Gesamtheit erforscht werden können (sowohl für sich allein wie auch unter Berücksichtigung der jüngsten Funde in Afrika), beginnt sich eine ganz andere Anschauung durchzusetzen. Und zwar die, daß die Funde des Fernen Ostens keineswegs einen «universellen» anatomischen Menschentypus jener Epoche darstellen, sondern eine Gruppe, die von den eigentlichen Prähominiden sehr stark abweicht (um nicht zu sagen: die sich von ihnen abgespalten hat).

Wenn man einmal darüber nachdenkt, und je mehr man darüber nachdenkt, stimmen dann nicht tatsächlich alle Anzeichen überein und zwingen uns zu dieser neuen Sicht der Dinge? – Da ist zunächst die auf ein bestimmtes Gebiet beschränkte Verbreitung des Pithecanthropus, entlang einem genau begrenzten Küstenstreifen, der sich von einem deutlich ausgeprägten malaiischen Zentrum aus nach Norden (bis Peking) erstreckt. Dann ist da die außerordentliche Vielfalt der Formen und der Körpergröße (die bis zum Riesenwuchs reicht) innerhalb eines vom Knochenbau her weitgehend festgelegten Typs (schwache Einrollung der Schädeldecke um ihre bi-aurikulare Achse, starke Knochenwülste am Hinterhaupt usw.). Und ferner ist da noch die Tatsache, daß er sich bis zur vermutlichen Ausrottung der ganzen Gruppe *(Homo soloensis)* beharrlich auf ein und derselben morphologischen Linie hält.

Betrachten wir diese ganz verschiedenartigen Indizien in ihrer Gesamtheit, so drängt sich uns die Vorstellung einer «zoologischen Schuppe» auf, wie ich es nennen möchte. Ich meine damit eine natürliche Einheit, Untergruppe eines Phylums, gekennzeichnet durch folgende Merkmale: stark ausgeprägte Individualität (sowohl hinsichtlich des Verbreitungsgebietes wie auch der Form); geringe Neigung zur Vermischung mit den anderen Vertretern des Phylums; anfänglich ausgeprägte Mutationskraft; Fähigkeit, sich in Form von überholten Restgruppen noch lange zu halten.

Die Vorstellung, daß es in jedem Phylum (und insbesondere im Phylum des Menschen) «Schuppen» und folglich einen schuppenartigen Aufbau gebe, macht nicht nur die besondere Eigenart der Gruppe des Pithecanthropus erklärlich; sie hat außerdem den Vorzug, daß sie uns eine allgemein brauchbare Methode an die Hand gibt, um die noch wirre Masse der fossilen Menschen nach einer wirklich natürlichen, genetischen Ordnung aufzugliedern. Eine einzige Schuppe eines Tannenzapfens, ein einziges Artischockenblatt läßt uns bereits das Strukturgesetz der ganzen Frucht erkennen. Wenn wir nun festgestellt haben, daß der Zweig des Pithecanthropus, das heißt der Java- und der Peking-Mensch zusammen eine solche «Schuppe» bilden, dann werden wir auch anderswo nach den Spuren ähnlicher Formen zu forschen beginnen und versuchen, so weit wie möglich die Anordnung und den jeweiligen Abstand dieser verschiedenen, übereinandergreifenden «Schuppen» in bezug auf eine mehr oder minder ideale Achse festzulegen.

Sehen wir einmal, wie weit uns dieses Verfahren beim augenblicklichen Stand unserer paläontologischen Kenntnisse bringt.

B. Die anderen Zweige. Daß die «Schuppe» des Pithecanthropus so klar umrissen vor Augen steht, beruht offenbar auf der zweifachen Tatsache, daß sie sich in einem Randgebiet entwickelt hat, an der äußersten Grenze Eurasiens, und daß sie gleichzeitig einen besonders frühen und darum «außenständigen» Zweig der Menschheit darstellt, wobei übrigens diese beiden Randlagen, die geographische und die morphologische, in engem Zusammenhang stehen. Alte Gruppe – verdrängte Gruppe: diese Regel hat schon immer gegolten, seitdem das Leben sich auf dem Festland auszubreiten begann.

Weiter nach Westen zu, das heißt mehr im Zentrum des «anthropoiden Keimflecks» des Pliozäns, wird, wie nicht anders zu erwarten, das Bild weniger deutlich.

Im äußersten Süden Afrikas beginnt sich ein Zweig abzuzeichnen, der dem Pithecanthropus außerordentlich ähnlich ist (und vielleicht zu demselben gemeinsamen Biot gehört, der sich auf dem weiten Wege zur Menschwerdung befindet). Es ist dies der Australopithecus, eine in sich geschlossene Randgruppe, in äußerst reger Mutation begriffen, und – um die Analogie vollständig zu machen – auch sie mit einigen riesenhaften Vertretern. Obgleich man diese südafrikanische «Schuppe» aller Wahrscheinlichkeit nach in die Entfaltung der Spezies Mensch mit einbeziehen muß – sei es als einen mißlungenen, sei es als einen noch zu schwachen ersten Versuch –, darf sie anscheinend, so typisch sie auch sein mag, doch keinesfalls zu der jugendlichen Menschheit, wie ich sie oben nannte, gerechnet werden. Selbst wenn zufällig bewiesen werden könnte, daß der Australopithecus bereits aufrecht ging, so liegt sein Auftreten wahrscheinlich zu früh und ist sein Gehirn noch viel zu klein, als daß man annehmen könnte, er habe schon den Schritt zur Reflexion vollzogen.

Bis jetzt kennen wir zugegebenermaßen in der Fülle der alten Welt noch keinen menschlichen Zweig, der sich deutlich über längere Zeit hinweg nachweisen läßt. Daß aber solche Zweige sehr wohl existiert haben müssen, scheint unwiderlegbar angezeigt durch Spuren wie die des Neandertalers und des Rhodesia-Menschen. Sie sind, genau besehen, die europäische, beziehungsweise afrikanische Entsprechung des *Homo soloensis*. Die Tatsache, daß solche Zweige weithin verschwunden sind, läßt sich recht einleuchtend erklären durch ihre mutmaßliche Nähe am Brennpunkt der Menschwerdung. In dieser Zone reger Aktivität (die man wahrscheinlich im Zentrum des «anthropoiden Keimflecks», das heißt irgendwo auf dem afrikanischen Kontinent ansetzen muß), – in dieser zentralen Zone also ist es nur natürlich, daß die rasche Aufeinanderfolge der «Pulsschläge der Menschwerdung» die dabei auftretenden Mutationen, und besonders die frühesten und die weniger anpassungsfähigen unter ihnen, daran hinderte, sich abzusondern, sich weiter auszuprägen und zu festigen. – Wenn wir andererseits eines Tages (endlich!) die Knochenreste der Hersteller der Faustkeile von Kenya, vom Kap und der Narbada entdecken, wird sich voraussichtlich herausstellen, daß sie dem heutigen Menschen anatomisch sehr viel näherstanden, als bisher angenommen wurde, daß sie sich als die zentralen Formen der Menschwerdung erweisen und folglich als die wahren Vorfahren des *Homo sapiens*, der seinerseits wiederum die Urform der ganzen heutigen Menschheit verkörpert.

C. DAS GESAMTBILD. Auf Abbildung 5 habe ich versucht, schematisch die allgemeine Richtung darzustellen, welche die Gruppe des Hominiden eingeschlagen hat, wenn man sie nach dem «Schuppensystem» zu gliedern versucht. Wir haben hier etwas ganz Ähnliches vor uns wie bei den Elementen, die ja nicht in linearer, sondern in periodischer Reihe angeordnet sind. Mit Hilfe dieser ineinandergreifenden Anordnung läßt sich das zeitliche und räumliche Nebeneinander von Sonderentwicklungen, archaischen Typen und zentralen, fortschrittlichen Formen (oder auch, was noch verwirrender ist, die Tatsache, daß letztere auch vor den ersteren auftreten, wie etwa im Falle des Steinheim-Menschen und des Neandertalers) leicht erklären, in völliger Übereinstimmung mit der allgemeinen Richtung des Ganzen auf eine Vervollkommnung des Gehirns hin.

Es besteht von nun an kein Zweifel mehr, daß die Paläontologie des Menschen in Zukunft in diesem Sinne der «ineinandergreifenden Einheiten» arbeiten muß, wenn sie ihre Entdeckungen in eine ebenso fruchtbare und naturgegebene Ordnung bringen will wie die Chemie. Darüber bestehen um so weniger Zweifel, als die Gliederung, die man

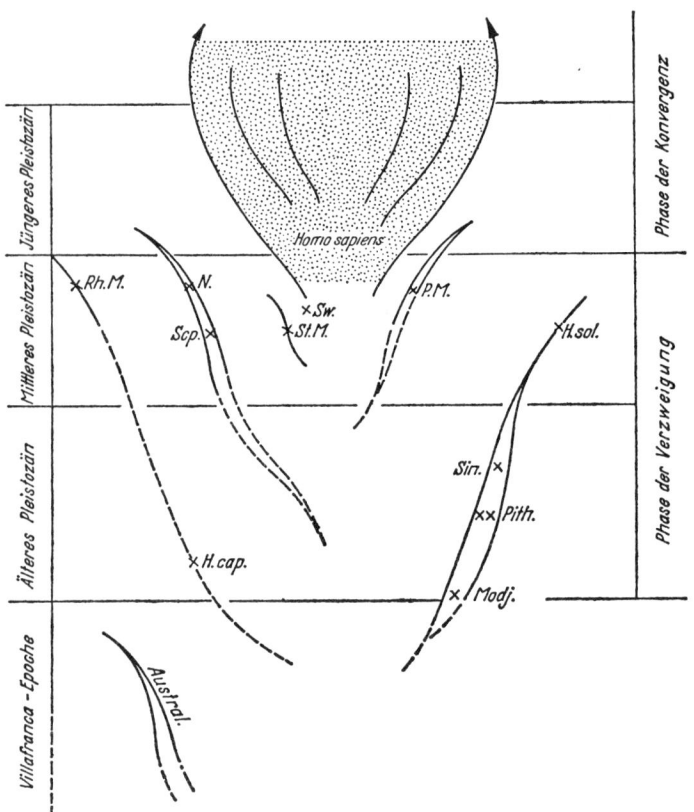

Abb. 5. Die verschiedenen Zweige der Hominiden. Schematische Gliederung auf Grund der Hypothese des «schuppenförmigen» Aufbaus.
Rh. M., Rhodesia-Mensch; N., Neandertaler; St. M., Steinheim-Mensch; Sw., Mensch von Swanscombe; P. M., Palästina-Mensch; Scp., Mensch von Saccopastore; H. Sol., Homo soloensis; Sin., Sinanthropus; Pith., Pithecanthropus; Modj., Mensch von Modjokerto; H. cap., Homo capensis (Broom, 1943); Austral., Australopithecus.
Man beachte: 1. die Anlage des Zweiges Pithecanthropus, der hier als Schlüssel für den Aufbau des gesamten Systems dient; 2. die Zusammenfaltung (oder Einrollung) der Gruppe Homo sapiens um sich selbst unter dem Einfluß der Gesellschaftsbildung: eine Art «Blütenstand»!

Das Gesamtbild

auf diese Weise für das Phylum des Menschen erhält, genau derjenigen entspricht, die sich bei der Untersuchung der Vergangenheit auf allen Gebieten und immer dann aufdrängt, wenn man Gelegenheit hat, irgendein Zentrum organischer Ausbreitung aus nächster Nähe zu betrachten. Das Schema von Abbildung 5 könnte, wenn man es ganz allgemein nimmt, an Stelle des Aufstiegs der werdenden Menschheit genau so gut die allmähliche Entstehung der Kultur (vergleiche Kapitel IV) wiedergeben. Und es könnte auch, was unser Thema noch näher betrifft, in gleicher Weise dazu dienen, die Gliederung einer jeden zoologischen Gruppe in ihren großen Zügen darzulegen, vorausgesetzt, daß diese Gruppe noch hinreichend jung ist. Während meiner wissenschaftlichen Laufbahn bin ich zweimal auf eine solche Gruppe noch ursprünglicher Arten gestoßen, einmal auf die Cynodontier des europäischen Oligozäns, und zum anderen auf die Musteliden Chinas. In beiden Fällen gab es, was keinen Paläontologen überraschen wird, nur eine Möglichkeit, die zu untersuchende Fülle der Formen zu entwirren: Man mußte sie aufgliedern in einzelne Zweige, die am Ursprung und im Zentrum noch dicht beieinander stehen, in rascher Mutation begriffen sind und sich nur wenig voneinander unterscheiden, während sie weiter oben auseinanderrücken und sich fächerförmig ausbreiten in eine kleine Anzahl stark differenzierter und nur noch wenig wandlungsfähiger Typen. Ob es sich um Menschen oder Tiere handelt, wir erhalten dasselbe Bild (allerdings mit einem grundlegenden Unterschied im Kernpunkt, wie wir noch sehen werden).

Daraus ergibt sich die Schlußfolgerung, zu der ich am Ende dieses ersten Teiles kommen wollte: Betrachtet man die «Spezies» Mensch so nahe wie möglich an ihrem Ausgangspunkt, so stellt man fest, daß sie sich in ihren Anfängen wie jedes andere im Entstehen begriffene zoologische Phylum verhält.

Wie der zweite Teil meiner Ausführungen noch zeigen wird, heißt das jedoch nicht, daß sich bei aufmerksamerer Beobachtung nicht schon in diesen sozusagen embryonalen Stadien der Menschheit bestimmte, äußerst wesentliche Eigenschaften feststellen ließen, die den einmaligen, revolutionären Charakter dieses Übergangs vom instinktgebundenen Leben zur Reflexion offenbaren.

II. DIE ENTSTEHUNG DES MENSCHEN: EINE MUTATION, DIE SICH IN IHREN ERGEBNISSEN VON ALLEN ANDEREN MUTATIONEN UNTERSCHEIDET

Da wir selbst Menschen sind und beständig unter Menschen leben, sehen wir das Phänomen des Menschen gar nicht mehr in seiner wirklichen Größe.

Diese Beobachtung gilt zwar vor allem für die beiden folgenden Kapitel, die den «planetarischen» Phasen der Menschwerdung gewidmet sind. Aber sie hat auch hier schon Gültigkeit. Auch ohne daß wir noch direkt auf das große Ereignis der menschlichen Gesellschaftsbildung eingehen, sehen wir uns bereits hier der überraschenden zoologischen Tatsache gegenüber, daß sich auf der Erde vom Ende des Tertiärs ab das entscheidende Streben der Evolution offensichtlich auf den Menschen konzentriert.

Deutet denn nicht alles darauf hin, daß das Leben seit dem Pliozän die besten Kräfte, die ihm noch verblieben, ganz auf den Menschen ansetzte, wie ein Baum auf seinen Gipfel? Im Lauf der letzten zwei Millionen Jahre sind zwar sehr viele Gruppen ausgestorben, dagegen ist außer den Hominiden in der Natur keine wirklich neue Gruppe mehr zum Durchbruch gekommen. An sich sollte schon diese bezeichnende Tatsache unsere Aufmerksamkeit und unseren Verdacht wecken. Wieviel mehr erst eine eingehendere Untersuchung des Phänomens des Menschen, wie wir sie nun vornehmen wollen. Welch schäumende Kraft, welch ein Überschwang, welche Einmaligkeit begegnen uns doch in diesem letztgeborenen Kind dieser Erde! Weiter oben haben wir das Auftauchen des Menschen inmitten des «anthropoiden Keimflecks» des Pliozäns als einen typischen Fall einer Mutation bezeichnet und erklärt. Gewiß, eine Mutation; aber, so muß man hinzufügen, eine *in ihrer Art einmalige* Mutation, und zwar insofern, als in dem Phylum, das aus dieser Mutation hervorging, fast von allem Anfang an vier Merkmale festzustellen sind, die an Stärke etwas Außergewöhnliches, an Neuartigkeit etwas ganz Einmaliges darstellen. Diese vier Merkmale, die wir nun der Reihe nach untersuchen müssen, sind:

A. Eine außergewöhnliche Dynamik der Ausbreitung;
B. eine einmalige Schnelligkeit der Differenzierung;
C. eine unerwartete Dauerhaftigkeit der Fortpflanzungskraft;
D. schließlich eine in der Geschichte des Lebens bislang unbekannte Fähigkeit des Zusammenwachsens von Zweigen innerhalb ein und derselben Gruppe.

A. AUSSERORDENTLICHE DYNAMIK DER AUSBREITUNG. Genau genommen tritt die erstaunliche Fähigkeit des Menschen, die ganze Erde zu bevölkern und in Besitz zu nehmen, erst in frühgeschichtlicher Zeit in Erscheinung und beginnt sich offen auszuwirken (vergleiche Kapitel IV). Sind jedoch bei genauerem Zusehen die ersten Anzeichen dieser Fähigkeit nicht schon in der Vorgeschichte deutlich zu erkennen? – Zu Beginn des Quartärs, aus welcher Zeit wir die ersten Werkzeug- und Knochenfunde besitzen, ist der Mensch bereits über das gesamte tropische und subtropische Gebiet verbreitet, in dem sich – von Afrika bis nach Malaya – die Entwicklung der Anthropoiden vollzogen hatte, und greift zum Teil sogar bereits weit über dieses Gebiet hinaus (zum Beispiel nach Westeuropa). Am Ende dieser Periode hat sich mit dem Homo sapiens die große ethnisch-kulturelle Welle des jüngeren Paläolithikums über die gesamte alte Welt, einschließlich der paläarktischen Region, ausgebreitet. Zwar hatten sich schon vor dem Menschen einige andere Phyla, zum Beispiel die Elefanten und Pferde, als fast ebenso unaufhaltsam erwiesen, als sie die Erde eroberten, wenn auch mit dem einen Unterschied, daß dabei die Verbindung ihrer einzelnen Zweige sehr viel lockerer war. Doch keines dieser Phyla scheint in ähnlich breiter und zusammenhängender Front und mit ähnlicher Geschwindigkeit vorgedrungen zu sein wie der Mensch.

B. EINMALIGE SCHNELLIGKEIT DER DIFFERENZIERUNG. Aber nicht nur in bezug auf seine geographische Verbreitung, sondern auch hinsichtlich seiner anatomischen Merkmale bedeutet der Mensch eine Überraschung für uns, wenn er, schon fast in seiner endgültigen Gestalt, zum ersten Mal in unseren Gesichtskreis tritt. Man betrachte einmal die Ausmaße des Gehirns, die Verkleinerung der Gesichtspartie oder die Spezialisierung der unteren Extremitäten: welch ein Unterschied selbst zwischen den primitivsten der uns bekannten Prähominiden und etwa dem Australopithecus! Auch unter weitgehender Berücksichtigung der Möglichkeit von «Mutationssprüngen» läßt sich eine derartige Verschiedenheit wohl nur erklären durch eine besonders rasche Entwicklung dieser Gruppe im Verlauf der ersten Jahrzehntausende unmittelbar nach Beginn der Menschwerdung. Wir können diese anfängliche Schnelligkeit der Umwandlung am Ursprung der Entwicklungskurve des Menschen zwar nur vermuten, doch finden sich über die ganze Quartärzeit hinweg in dieser zoologischen Gruppe klar erkennbare Anzeichen dafür, daß eine solche Schnelligkeit der Umwandlung vorgelegen haben muß. Zweifellos besteht (wie bereits in Kapitel II angedeutet und auch im folgenden noch mehrfach betont) bei der Untersuchung einer Entwicklung, die (wie bei den «höheren Korpuskeln» und insbesondere beim Menschen) auf eine Vervollkommnung des Gehirns zurückgeht, die Hauptschwierigkeit darin, daß es uns noch nicht gelungen ist, den wesentlichen Faktor und damit den *wahren Parameter* dieses Vorgangs zu bestimmen. Und überdies wird sich sicher dieser Parameter, sofern wir ihn jemals werden wissenschaftlich bestimmen können, als eine Sache erweisen, die die Entwicklung von Neuronen und nicht die des Knochenbaus betrifft. Daher kann jeder Versuch, das Fortschreiten der Menschwerdung durch Messungen an fossilen Schädeln gültig festzustellen, im Augenblick nur grobe Annäherungswerte ergeben. Es steht jedoch fest, daß wir auf Grund einer sinnvollen Auswertung verschiedenartiger äußerer Anzeichen, die erfahrungsgemäß mit dem inneren Fortschritt der Nervenfunktionen verbunden sind (wachsende Größe des Schädels schlechthin und vor allem seine zunehmende Einrollung um die bi-aurikulare Achse,[1] vergleiche Abbildung 6), den Ablauf dieses Vorgangs wenigstens in groben Zügen verfolgen können. Und dies genügt für die Schlußfolgerung: Von dem Augenblick an, da sie im Stadium des Pithecanthropus in unser Gesichtsfeld treten, bis zu dem Zeitpunkt, da sie

---

[1] Folgen dieser Einrollung sind: Erhöhung und Ausweitung der Schädelkapsel, Verschwinden des Hinterhauptwulstes und der Überaugenwülste, Verkleinerung der Gesichtspartie und gleichzeitige Ausbildung des Kinns usw.

mit der Stufe des *Homo sapiens* ihren Höhepunkt erreicht zu haben *scheinen*, haben sich die Hominiden in bezug auf das Gehirn rascher und tiefgreifender gewandelt als jede andere uns bekannte lebende Form in derselben Zeit; ja offensichtlich auch rascher und tiefgreifender als die Anthropoiden während des gesamten Miozäns. Es ist völlig unmöglich, daß man eine so wesentliche biologische Tatsache außer acht lassen darf.

C. ANHALTENDE FORTPFLANZUNGSKRAFT DES PHYLUMS MENSCH. Darunter verstehe ich die bemerkenswerte Fähigkeit dieses Phylums, in fast unbegrenztem Maße neue Zweige hervorzubringen. Für gewöhnlich ist bei zoologischen Umwandlungen die Phase reger Verzweigung, aus der jeweils eine ganze Reihe von Arten hervorgeht, nur von kurzer Dauer. Da wir nun niemals die allerersten Phasen der Herausbildung irgendeiner neuen Art festhalten können (vergleiche S. 47), ergibt sich die Tatsache, daß wir in der Paläontologie der Tiere immer nur ein Bündel auseinanderstrebender Linien ge-

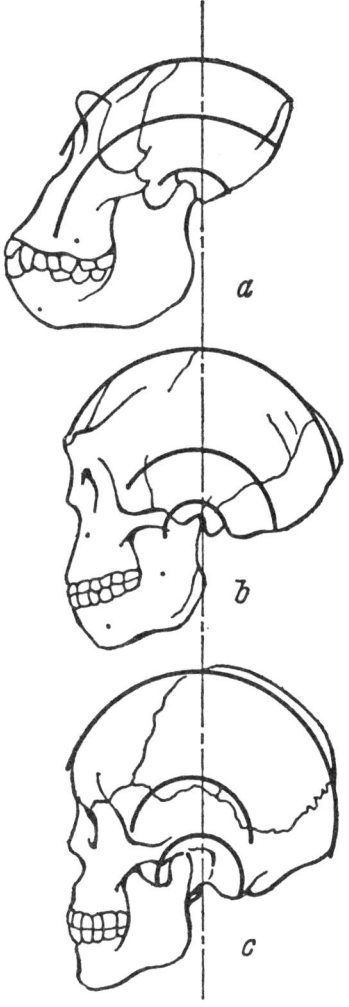

Abb. 6. Die Einrollung des Schädels, von den Anthropoiden bis zum Menschen (nach Weidenreich)
a) Gorilla b) Sinanthropus
c) Mensch der Jetztzeit

wahren, die rund um einen bereits «ausgehöhlten» zentralen Kern ausstrahlen. Beim Menschen jedoch ist dies nicht der Fall. Kehren wir noch einmal zu Abbildung 5 zurück, wo wir versucht haben, die verschiedenen, bisher von der Vorgeschichte festgestellten Menschentypen entsprechend ihren genetischen und strukturellen Beziehungen zu gruppieren. Würde es sich um die Entwicklung irgendwelcher Wiederkäuer oder fleischfressender Tiere handeln, müßte man wie gesagt erwarten, daß das Zentrum dieses Bündels von Entwicklungslinien mit Beginn des Holozäns immer ärmer und dürftiger würde, und daß auf dieser Höhe der Entwicklung nur noch eine dünne Krone mehr oder weniger vereinzelter Zweige übrigbliebe. Beim Menschen dagegen tritt gerade auf dieser Entwicklungsstufe sozusagen als ein festgeschlossenes Kernstück in eben diesem zentralen Bereich die vielgestaltige Gruppe des *Homo sapiens* in Erscheinung, Zeuge der Lebenskraft eines Samens, dessen Aktivität mit dem Ablauf der Zeit eher zu wachsen als abzunehmen scheint. Eine *vielgestaltige Gruppe*, wohlgemerkt. Denn je eingehender man von dieser Epoche an das ungewöhnlich komplexe zoologische System betrachtet, das im heutigen Menschen seine Fortsetzung findet, desto mehr gelangt man zu der Überzeugung, daß es anatomisch eine sprossende Fülle von Entwicklungslinien darstellt (Weiße, Gelbe, Schwarze und vielleicht noch eine ganze Reihe anderer). Die Tatsache, daß diese Linien nur unvollkommen voneinander getrennt sind, ist nun nicht, wie man einwenden könnte, auf ihre Unfähigkeit zurückzuführen, eine ausgeprägte Eigenart zu entwickeln, sondern vielmehr – und dies ist etwas ganz anderes und in seinen Folgen von gewaltiger Tragweite – auf den völlig neuen und einmaligen Einfluß einer Kraft, die in der Geschichte der Natur etwas bisher Unerhörtes darstellt: die Kraft gegenseitiger Annäherung und konstruktiven Zusammenwachsens der verschiedenen Zweige ein und desselben zoologischen Ganzen.

D. ZUSAMMENWACHSEN DER VERSCHIEDENEN ZWEIGE. Obwohl die sub-humanen Phyla sich in engster Berührung miteinander auf der geschlossenen Oberfläche der Erde entwickeln mußten, lassen sie doch keinerlei bemerkenswerte Anlage zu einer Verschmelzung miteinander erkennen. Bis zum Menschen (man könnte auch sagen «bis zu den Prähominiden», die *äußerlich* ebenfalls diesem allgemeinen Gesetz zu unterliegen *scheinen*) hatte sich die tierische Entwicklung unter dem Zeichen der Divergenz vollzogen. Daher die so vielverzweigte und ineinandergreifende Struktur, wie sie der Lebensbaum überall erkennen läßt, sowohl in seinen kräftigsten Ästen wie auch seinen dünnsten Zweigen (vergleiche Abbildung 2 und 5). Diese Tendenz zur trennenden Verzweigung findet jedoch mit der Stufe des Homo sapiens ihren Abschluß, unter dem sichtlichen Einfluß des neuen Mediums psychischer Anziehung und gegenseitiger psychischer Bindung, wie es sich in der Biosphäre durch den Aufstieg des denkenden Bewußtseins allmählich herausgebildet hat. Der *Homo sapiens* stellt eine äußerst verwirrende zoologische Gruppe dar für jeden, der sie zu klassifizieren sucht, da sich in diesem Gewirr feinster anatomischer Unterschiede kaum irgendwelche Trennungslinien ziehen lassen. Für den jedoch, der sich mit der Anthropogenese befaßt, ist sie eine ungeheuer fesselnde Gruppe. Denn hier sehen wir zum erstenmal deutlich einen Vorgang wirksam werden, der – wie wir noch zeigen werden – erklärlich macht, warum die Menschheit in einigen hunderttausend Jahren einen so gewaltigen Vorsprung gegenüber allen anderen Lebewesen errungen hat. Ich meine damit den Vorgang der *Konvergenz*, die nun in der biologischen Entwicklung die Divergenz überlagert, so daß die potentiellen Arten, die beständig aus der Verzweigung des Phylums hervorgehen, zusammengefaßt werden in einer wirklichen organischen Synthese.

Die Gruppe des *Homo sapiens*, die entstanden ist, etwa um die Mitte des Quartärs, aus dem Zusammenwachsen der innersten, zentralsten Zweige des Phylums Mensch, stellt also keineswegs das letzte Aufflackern einer erschöpften Evolutionskraft dar, sondern vielmehr den Keim, aus dem dann endgültig die Gesamtheit der denkenden Lebewesen hervorgegangen ist. Mehr noch: Mit der Gruppe des *Homo sapiens* verlassen wir das Halbdunkel der frühen Menschheit und erlangen eine klare Schau des Phänomens Mensch, das sich uns manifestiert durch die Bildung einer neuen Sphäre auf unserem Planeten, der «Noosphäre».

IV

DIE BILDUNG DER NOOSPHÄRE

1. GEMEINSCHAFTSBILDUNG IM STADIUM DER EXPANSION
HERAUSBILDUNG VON KULTUR UND INDIVIDUUM

EINLEITUNG

VORBEMERKUNGEN ÜBER DIE BEGRIFFE
«NOOSPHÄRE» UND «PLANETISATION»

Im ganzen gesehen bietet uns an dem Punkt, an dem wir mit unseren Ausführungen nunmehr angelangt sind, die in zunehmender korpuskularer Ordnung begriffene Welt folgendes Bild:
Mit dem Durchbruch zur Menschwerdung ist die Entwicklung von Komplexität und Bewußtsein auf der Erde, durch das Phylum der Anthropoiden hindurch, in ein für das Universum völlig neues Gebiet, in einen neuen Bereich vorgedrungen: in den des Denkens. Und nachdem diese Schwelle einmal überschritten war, begann die Welle der Entwicklung, wie schon immer, wenn eine neue, höhere Stufe erreicht war, sich aufzuspalten in ein vielverzweigtes Bündel mehr oder weniger auseinanderstrebender Linien, in die verschiedenen zoologischen Entwicklungsrichtungen der Gruppe Mensch. Doch da sich, wie wir am Ende des letzten Kapitels gesehen haben, diese Entwicklungslinien von nun an psychisch konvergent fortsetzten, zeigten sie sehr rasch schon die deutliche Neigung, sich einander anzunähern und miteinander zu verschmelzen. Und so entstand dann in einer Sphäre von Gemeinschaft, wenn nicht gar als deren Auswirkung, die in besonderem Maße fortschrittliche Gruppe des *Homo sapiens*.

Allem Anschein nach ist die Bildung von Gemeinschaften (das heißt die psychisch bedingte, symbioseartige Vereinigung histologisch freier und ausgeprägt individualistischer Korpuskeln) ein primäres und allgemeines Merkmal der belebten Materie.[1] Um sich davon zu überzeugen, braucht man nur zu beobachten, wie jede Tierart, wenn sie einmal die ihr spezifische Reife erlangt hat, die

---

[1] Sie ist auch schon bei Entwicklungsstufen erkennbar, die einen geringeren Grad von Autonomie besitzen, bei der Bildung tierischer Kolonien (Polypen usw.) oder auch bei der Bildung der Metazoen (assoziierte Zellen).

Tendenz entwickelt, eine mehr oder minder große Anzahl von Einzelwesen zu einem über-individuellen Ganzen zusammenzufassen, und zwar entsprechend der besonderen Eigenart des «Instinkt-Typus», dem sie zugehört. Auf den Entwicklungsstufen, die noch unterhalb der Schwelle zur Reflexion liegen (besonders bei den Insekten), bleibt jedoch die Gemeinschaftsbildung, so ausgeprägt sie auch sein mag, begrenzt; sie reicht nicht über den Umkreis einer Familie hinaus. Man kann also sagen, daß mit dem Menschen ein neues Kapitel der Zoologie seinen Anfang nimmt. Denn zum erstenmal in den Epochen des Lebens wachsen hier nicht mehr nur einige wenige, vereinzelte Zweige zusammen, sondern ein gesamter Stamm, und zwar ein Stamm von weltweiter Verbreitung, beginnt plötzlich eine Ganzheit zu werden. Der Mensch, zunächst eine bloße Spezies, aber schrittweise – durch seinen ethnisch-sozialen Zusammenschluß – darüber hinauswachsend, wird allmählich zu einer in ihrer Art völlig neuen Hülle dieser Erde. Er ist mehr als ein bloßer zoologischer Zweig, ja mehr als ein ganzes Reich; er ist nichts weniger als eine ganze «Sphäre», die *Noosphäre* (oder Sphäre des Denkens), welche die Biosphäre in ihrer ganzen Ausdehnung, doch ungleich geschlossener und homogener, überlagert.[1]

Die Entwicklung und die Eigenart dieser neuen Einheit von weltweiten Ausmaßen zu untersuchen, das wird die Aufgabe der nachstehenden Ausführungen sein. Wir gehen dabei von folgender, im weiteren Verlauf dieser Untersuchungen bestätigten These aus: Wenn die Gemeinschaftsbildung jeweils nur eine höhere Form von Korpuskelbildung ist (was ja durch ihren Einfluß auf die «Psychogenese» bewiesen wird), so erhält die Noosphäre, dieses letzte und erhabenste Ergebnis der gemeinschaftsbildenden Kräfte beim Menschen, nur unter einer Voraussetzung ihren vollen, entscheidenden Sinn: man muß sie in ihrer erdumspannenden Ganzheit als ein ein-

---

[1] Um die wirkliche Stellung des Menschen innerhalb der Biosphäre zum Ausdruck zu bringen, bedürfte es einer «natürlicheren» Einordnung, als sie die heutige Naturwissenschaft liefert, derzufolge die Gruppe des Menschen nur eine völlig unbedeutende Randgruppe («Familie») darstellt, während sie doch ihrer Funktion nach die letzte, einmalige Krönung des Lebensbaumes darstellt.

ziges, riesenhaftes Korpuskel betrachten, in dem nach mehr als 600 Millionen Jahren das Streben der Biosphäre nach zunehmender Ausbildung des Gehirns seine Vollendung findet.

Die Großartigkeit dieser Sachlage wird jedoch, wie ich gleich betonen möchte, nicht auf einen Schlag sichtbar, wie sie sich auch nur nach und nach entwickelt hat. In der geschichtlichen Wirklichkeit hat die planetare Zusammenrollung der Menschheit nur langsame Fortschritte gemacht; und überdies teilt sie sich, wenn man sie im Ganzen betrachtet, in zwei Hauptphasen, die man sorgfältig auseinanderhalten muß. Stellen wir uns einmal einen festen Körper gleich dem Erdball vor, in dem sich eine Welle vom Südpol auf den Nordpol zu bewegt. Betrachtet man ihren gesamten Verlauf, so pflanzt sich diese Welle auf einer gekrümmten und demnach «zusammenlaufenden» Bahn fort. Dennoch wird sie auf der ersten Hälfte ihres Weges (das heißt bis zum Äquator) immer breiter, und erst danach beginnt sie wieder sich auf einen Punkt zusammenzuziehen. In ganz ähnlicher Folge scheint auch, wenn wir in die Vergangenheit blicken, die Bildung der Noosphäre vor sich gegangen zu sein. Die Menschheit hat im Verlauf ihrer Geschichte trotz einer schon im Anfang beginnenden Sammlung und Zusammenfassung[1] zweifellos eine Periode geographischer Ausbreitung durchgemacht, bei der es für sie vor allem darauf ankam, sich zu vermehren und die ganze Erde in Besitz zu nehmen. Erst in allerletzter Zeit, als der «Äquator» überschritten war, haben sich auf der Welt die ersten Anzeichen eines endgültigen, globalen Zusammenschlusses der Masse der denkenden Lebewesen gezeigt, – als die «obere Hemisphäre» einmal erreicht war, in der sich die Menschheit nun zwangsweise, je weiter die Zeit fortschreitet, um so mehr vereinheitlichen und auf sich selbst zusammenziehen muß.

Die Gemeinschaftsbildung im Stadium der Ausweitung kehrt sich um zu einer Gemeinschaftsbildung im Zusammenschluß und findet darin ihren Kulminationspunkt.

---

[1] Was mangels eines entsprechenden seelischen Lebens – darauf möchte ich besonderen Nachdruck legen – trotz des engen Nebeneinanders auf der beschränkten Erdoberfläche, vor dem Menschen noch keinem Phylum in der Biosphäre gelungen war, mochte es auch noch so weitverbreitet sein.

Untersuchen wir in diesem Kapitel zunächst einmal nur die erste dieser beiden Phasen, wobei wir ihre entscheidenden Stadien und ihre besonderen Merkmale zusammenfassen wollen unter folgenden drei Hauptpunkten: die Besiedlung der Erde; die Entwicklung der Kultur; die Herausbildung des Individuums.

I. DIE BESIEDLUNG DER ERDE

Die auffallende Ausbreitungsfähigkeit der zoologischen Spezies Mensch (vergleiche Kapitel 3) ist offenbar eng gebunden an ihre Fortschritte in der Gemeinschaftsbildung. Dadurch, daß die Menschheit mit ihrem Denkvermögen auch die Fähigkeit erlangte, ihre Glieder auf vielfältigste Weise zusammenzufassen und zu gegenseitiger Unterstützung heranzuziehen, konnte sie sich, obwohl sie das zuletzt entstandene Produkt der Evolution war, so rasch ihren Platz innerhalb und schließlich oberhalb der ganzen übrigen Biosphäre erobern. – Unter diesen Umständen dürfen wir von unserem heutigen Standpunkt aus die Besiedlung der Erde uns so vorstellen, daß sie in mehreren aufeinanderfolgenden Wellen von immer größerer Reichweite sich vollzogen hat, wobei eine jede neue Welle einer neuen, besseren sozialen Gliederung der Menschheit entsprach.

Der Rhythmus und die verschiedenen Phasen dieses stoßweisen Vordringens liegen für uns noch im Dunkeln, soweit es sich um die zentrale (mittelmeerisch-afrikanische) Zone der Menschwerdung handelt, – um jene Kernzone, in der die verschiedenen Besiedlungswellen schon zu lange und allzu dicht aufeinanderfolgten, als daß man sie deutlich auseinanderhalten könnte. In einem weiten Randgebiet dagegen (wie etwa in Ostasien), wo jede neue Woge zunächst einmal genug freien Raum vorfand, um weit über die vorausgegangenen Wellen hinausgreifen zu können, lassen sich heute (nach einer ersten, annähernden Schätzung) mindestens drei Hauptwellen feststellen: die beiden ersten (die hier der Vollständigkeit halber noch einmal aufgeführt sein sollen) fallen in prähistorische Zeiten, während die dritte eindeutig die geschichtliche Epoche und damit die moderne Ausbreitung des Menschen einleitet.

1. Welle: *Die Prähominiden,* die entlang der Pazifikküste von Süden nach Norden vordringen. Über das kulturelle Niveau dieser noch sehr primitiven Menschheit wissen wir lediglich, daß der Sinanthropus von Choukoutien (am äußersten Rand dieser Welle),[1] der bereits das Feuer kannte und Steine zu behauen verstand, allem Anschein nach zu einer schon in beachtlichen Gemeinschaften lebenden Gruppe gehörte. Daher zweifellos auch das bemerkenswerte Ausbreitungsvermögen und die ethnische Durchschlagskraft, die ihn von den subtropischen Zonen Asiens bis zu den ersten Ausläufern des mongolischen Plateaus vorstoßen ließen.

2. Welle: Der Aurignac-Mensch der jüngeren Altsteinzeit, der von Westen nach Osten vordringt, und zwar besonders deutlich ausgeprägt in den Lößgebieten des Gelben Flusses. Ich habe schon an anderer Stelle (Kapitel 3) auf diese außerordentlich mächtige Welle hingewiesen, die durch das Zusammenwachsen und Emporsteigen der Gruppe *Homo sapiens* ausgelöst wurde, – eine Welle, die nicht nur das Feuer, sondern auch die Kunst mit sich brachte, und deren an den vielgestaltigen Knochen- und Steinwerkzeugen sofort erkennbare Spuren praktisch in der gesamten Alten Welt zu finden sind. In den zentralen oder meridionalen Zonen der Erde überdecken diese Ablagerungen die älteren paläolithischen Schichten, von denen sie sich eindeutig unterscheiden; und in dem bis dahin Niemandsland gebliebenen paläarktischen Gebiet erstrecken sie sich auf bisher noch unberührtem Boden in west-östlicher Richtung vom Norden der Alpen bis zum Pazifik.

3. Welle: Der Ackerbauer der Jungsteinzeit. – Gegen Ende des Pleistozäns vollzieht sich unter dem langsam wachsenden Einfluß ethnischer Annäherung und kulturellen Austausches eine entscheidende Wandlung in dem Bündel von Stammlinien des *Homo sapiens,* die von nun an als einzige die Zukunft der Menschheit auf der Erde zu sichern haben, da alle anderen prähominiden Zweige um sie her allmählich aussterben. In dem gesamten, während der vorhergehenden

---

[1] Und unter der (bei weitem wahrscheinlichsten) Annahme, daß der Peking-Mensch wirklich der Hersteller der in den archäologischen Ablagerungen zusammen mit seinen Knochenresten gefundenen Werkzeuge ist.

Epochen besiedelten Raum, besonders aber innerhalb zweier breiter Gebietsstreifen – einem nordafrikanischen oder mediterranen und einem nordeuropäisch-sibirischen –, werden um diese Zeit die Anzeichen einer seßhafteren, gemeinschaftsgebundeneren Lebensform immer zahlreicher. Sie sind die ersten Hinweise auf jene große Wandlung, die sich im Verlaufe des Neolithikums vollzogen hat, eine Wandlung, durch welche die Bevölkerung weiter Gebiete anscheinend gleichzeitig und sozusagen auf Grund eines allgemeinen Reifeprozesses erstmals aus einer noch ungegliederten Gemeinschaft zu einer gegliederten Gesellschaft wird. Der Vorgang ist hauptsächlich der Erfindung des Ackerbaus und der Viehzucht zu verdanken; denn diese Betätigungen machen eine rasche Zunahme der Bevölkerungsdichte und der inneren Gliederung der betreffenden Völkerschaften nicht nur möglich, sondern geradezu *notwendig*.

Diese Umwandlung, die sich schon im sogenannten Mesolithikum deutlich abzeichnet, also etwa zehn- oder fünfzehntausend Jahre vor der christlichen Zeitrechnung, läßt in den betreffenden Gebieten die Bevölkerungsdichte sprunghaft ansteigen. Unter ihrem Einfluß macht sich dann überall eine neue ethnische Welle bemerkbar, die wesentlich stärker ist als alle bisherigen. Besonders ausgeprägt ist der Bevölkerungsdruck in dem sibirischen Siedlungsgebiet, von wo aus sich eine starke Gruppe auf Wanderschaft begibt und in den Süden des Altai-Gebirges bis zum Gelben Fluß vordringt («mongolisches» Neolithikum)[1] sowie auch nach dem soeben eisfrei gewordenen Alaska, um dann von diesem Brückenkopf aus ganz Nord- und Südamerika zu erobern.[2]

Man kann sagen, daß sich in diesem Zeitpunkt die Noosphäre in ihren ersten Umrissen bereits eindeutig abzuzeichnen beginnt, wenn auch nur in Form eines ersten, noch unbestimmten Ansatzes. Aller-

---

[1] Vgl. Teilhard de Chardin, P. et Pei, W. C.: Le Néolithique de la Chine (Publications de l'Institut de Géobiologie de Pékin, Nr. 10, 1944).

[2] Ein Unterfangen, das Tausende von Jahren gedauert haben muß, da diese Wanderbevölkerung bei ihrem Vorrücken sich auf jeder neuen geographischen Breite erst einen neuen Typ des Ackerbaus schaffen mußte. Dennoch ist anzunehmen, daß die Wanderung so frühzeitig zum Abschluß kam, daß die Domestizierung der Pflanzen selbst in Südamerika (Maniok) schon lange vor der Ankunft der Europäer abgeschlossen war.

dings war sich die Menschheit, als sie die äußersten Grenzen der Neuen Welt erreichte, sicherlich in keiner Weise bewußt, daß sie damit den Ring ihrer Ausbreitung über die Erde geschlossen hatte. Auch blieb das Netz, das im Laufe dieses Vordringens bis zu den Grenzen des Kontinents geknüpft wurde, so lose in seiner Struktur, so unterschiedlich in seinem Wesen, daß sich irgendwelche Einflüsse höchstens ganz langsam und gelegentlich und nur bruchstückweise durchzusetzen vermochten.

Diese noch schwache «Schicht» zusammenzufügen und zu festigen, sei es durch eine Höherzüchtung der bereits organisierten Gruppen, sei es durch den periodischen Zustrom neuer Elemente von außen her, dies wird nun die große Aufgabe der Kultur sein.

II. DIE ENTSTEHUNG DER KULTUREN

A. EIN PHÄNOMEN, DAS AUF BIOLOGISCHEN VORGÄNGEN BERUHT. Nachdem die Geschichtsschreibung nun endlich die lange Phase bloßer Berichterstattung hinter sich gelassen hat, in der ihr Hauptanliegen eine möglichst genaue und farbenreiche Darstellung der Vergangenheit war, strebt sie jetzt mehr und mehr dahin, sich mit den *Gesetzmäßigkeiten* zu befassen, die den scheinbar willkürlichen Wechselfällen des menschlichen Daseins zugrunde liegen. Als Beispiel für diese neue Richtung historischer Forschung, welche die organische Entwicklung in der Geschichte berücksichtigt, kann man das monumentale Werk von J. Toynbee anführen. Hier werden einundzwanzig verschiedene Kulturen von den Zeiten Sumers und Minos' bis auf unsere Tage aufgeführt und dann auf folgende Fragen hin untersucht: Die Bedingungen ihrer Entstehung in verschiedenartiger geographischer Umwelt;[1] die Art und Weise ihres Wachstums,[2] ihrer

---

[1] Stromland-Typus (Ägypten, Sumer, Indus...); Hochland-Typus (Kulturen der Anden, Mexikos und der Hethiter...); Insel-Typus (minoische, hellenische, japanische Kultur).

[2] Das Wachstum wird vor allem andern durch das Problem des Überlebens angeregt, das die jeweilige Umgebung stellt (Theorie des «Challenge and Response».

gegenseitigen Beziehungen und ihres Verfalls; der Rhythmus ihrer Aufeinanderfolge,[1] usw.

Ein Versuch dieser Art und dieses Umfangs zeigt deutlich, daß seit einem Jahrhundert die Geschichte der Natur und die Geschichte des Menschen in unwiderstehlicher, wenn auch langsamer gegenseitiger Annäherung begriffen sind. Doch ist die grundsätzliche Annäherung dieser beiden Disziplinen noch keineswegs vollzogen, ja noch kaum in Angriff genommen. Ob es sich nun um Toynbee oder Spengler handelt, die Entwicklung der menschlichen Gesellschaft wird zwar *nach der Art* der Biologie behandelt, trotzdem aber streng von ihr getrennt gehalten. Das Gebiet der Zoologie und das Gebiet der Kultur: man sieht hier zwei Bereiche, die sich in den Gesetzen ihres Aufbaus auf geheimnisvolle Weise gleichen mögen, die aber trotz allem zwei verschiedene Welten darstellen. Bei diesem Dualismus scheinen selbst die Historiker, die noch am ehesten die organische Entwicklung berücksichtigen, endgültig stehen zu bleiben (übrigens ohne dies seltsam zu finden oder darüber in Verlegenheit zu geraten).

Angesichts dieser Sachlage erweist sich die von uns zugrunde gelegte Auffassung eines Universums, das in einer allgemeinen Bewegung der Einrollung begriffen ist, als ein sehr einfaches Mittel, um den toten Punkt zu überwinden, vor dem die Geschichtswissenschaft noch immer steht, und einen entscheidenden Vorstoß auf eine einheitliche und zusammenhängende Schau der Vergangenheit hin zu unternehmen. Wenn man nämlich die Kultur (nicht als fertiger Zustand gesellschaftlicher Gliederung verstanden, sondern als der Prozeß, der eben diese Gliederung bewirkt) zurückführt auf ihre biologischen Ursprünge, dann erkennt man, daß sie im Grunde nichts anderes ist als eine zoologische Sonderentwicklung. Allerdings betrifft diese Sonderentwicklung hier eine tierische Gruppe (den Menschen), bei der ein ganz bestimmter Einfluß (der des Psychischen), der bisher für die Systematik der Naturwissenschaft völlig bedeutungslos geschienen hat, nun plötzlich eine bestimmende Rolle

---

[1] Ein Rhythmus, der bestimmt wird durch die periodische Bildung von «Weltreichen», deren jedes durch seinen Sturz eine neue ethnische Welle und eine neue «Weltreligion» auslöst.

Die Entstehung der Kulturen

bei der Verzweigung des Phylums zu spielen beginnt. – Derselbe Vorgang also, jedoch auf einer höheren Ebene. Kennen wir denn nicht sehr genau und schon seit langem eine ganze Reihe von Tieren (zum Beispiel die Insekten, die Vögel und die Nagetiere), bei denen das instinktmäßige Verhalten mindestens ebenso ausgeprägte Unterscheidungsmerkmale für ihre Klassifizierung liefert wie etwa Färbung, Größe oder äußere Form? Weshalb sollte man also nicht diesen Begriff der «psychologischen Arten» verallgemeinern und weiterführen und die Auffassung vertreten, daß die vielfältigen und vielgestaltigen «kollektiven Einheiten» des Menschen, die sich im Laufe der Geschichte aus dem Zusammenwirken von Kultur und Rasse herausgebildet haben, ebenso *natürliche* Gruppen sind wie irgendeine Abart der Wiederkäuer oder Raubtiere, nur eben im Bereich des Denkens und der Freiheit? Freilich mit dem einen Unterschied, daß hier, wo die psychischen Faktoren eine wichtigere Rolle spielen als die physiologischen und morphologischen, bestimmte Eigentümlichkeiten oder Freiheiten im Spiel der Kräfte des Lebens zutage treten, die bisher sehr ungewöhnlich oder sogar völlig unbekannt waren. Die bedeutendste dieser Eigentümlichkeiten ist die Tatsache, daß neben die bisherige, von den Chromosomen her bestimmte Vererbung von nun an noch eine «erziehungsbedingte», überindividuelle Vererbung tritt und daß damit die Bewahrung und Mehrung des *Erworbenen* plötzlich eine Bedeutung ersten Ranges im Rahmen der Biogenese erlangt.

Bei dieser Betrachtungsweise, nach der die Bildung von Stämmen, Nationen und Reichen und schließlich des modernen Staates nichts anderes ist als die Fortführung (wenn auch gewisse zusätzliche Faktoren dabei mitwirkten) der Vorgänge, aus denen die tierischen Arten entstanden sind, erweist sich die Geschichte des Menschen als ein ganz besonders geeignetes Gebiet für die Erforschung der Gesetze der Phylogenese, und zwar unter anderem aus folgenden Gründen: Zunächst einmal wegen ihrer zeitlichen Nähe, ja sogar unmittelbaren Gegenwärtigkeit; denn die Entwicklungsvorgänge, welche die Geschichte ausmachen, drängen sich nicht nur auf die letzten paar Jahrtausende zusammen, sondern sie setzen sich sogar in unseren heutigen Erfahrungen fort. Und ferner aus Gründen der Klarheit:

die verschiedenen Entwicklungslinien, die sich im Verlaufe der Ausbreitung der Noosphäre nacheinander herausgebildet haben, lassen sich in ihrem Zusammenspiel viel leichter verfolgen und entwirren als die rein anatomischen Elemente irgendeiner zoologischen Gruppe; tragen sie doch, jede für sich, die kräftigen und charakteristischen Farben einer ganz bestimmten kulturellen Zugehörigkeit. Wir müssen also unsere Aufmerksamkeit vor allem auf die Biologie der Kulturen richten, wenn wir das, was uns die Paläontologie von den entwicklungsgeschichtlichen Grundgesetzen der Orthogenese und der Differenzierung bereits andeutungsweise gezeigt hat (wie an einem anschaulichen Präparat), bis in die Einzelheiten hinein bestätigen und verdeutlichen wollen.

B. AUSWIRKUNGEN DER DIFFERENZIERUNG. Zwischen Gemeinschaftsbildung (socialisation) und biologischer Entwicklung (vitalisation) hat man künstlich eine Schranke errichtet, an der man aus Bequemlichkeit oder aus Gewohnheit noch heute festhält. Ist diese Schranke erst einmal entfernt, dann kommt in der scheinbaren Plan- und Regellosigkeit der Geschichte der Menschheit dieselbe Einfachheit der Grundzüge zum Vorschein, wie wir sie schon in den unterhalb der Selbstbewußtseinsschwelle liegenden Schichten der Biosphäre angetroffen haben. Im Verlaufe dieser abenteuerreichen Geschichte haben Hunderte von Völkern Aufstieg, Wanderschaft, Kriege und schließlich Untergang und Verdrängung durch wieder neue Völker erlebt. Doch was ist dieses vielgestaltige, farbenreiche Gewirr letzten Endes anderes als der niemals endende Prozeß der Weiterverzweigung aller Formen des Lebens, – ein Prozeß, der sich nunmehr im Bereiche der Kulturen fortsetzt?

Da ist zunächst einmal der «Grundstock» der drei Hauptrassen (der weißen, der schwarzen und der gelben Rasse), die im Pleistozän in Erscheinung getreten sind. An diesem ursprünglichen, ethnisch-kulturellen Bündel von Abstammungslinien bilden sich dann nacheinander, sozusagen als Pulsschläge des Lebens, immer neue Schuppen, immer neue Zweige, die sich genauso verhalten wie alle anderen zoologischen Ansätze oder Entwicklungslinien. Genau wie diese (und aus denselben Gründen) tauchen sie völlig unvermittelt und in fast schon fertig ausgebildeter Form am Horizont der Geschichte auf;[1] danach befestigen sie sich in *gleicher* Weise und geraten mehr oder weniger rasch in Erstarrung; und sie zeigen dieselbe Neigung, wieder zu verschwinden, wenn ein benachbarter Stamm an ihre Stelle tritt – ein Stamm, dessen Herkunft aus dunklen Anfängen ebenfalls unerforschbar ist.

All dies bestätigt auf erstaunliche Weise die allgemeinen Gesetze tierischer Phylogenese innerhalb einer biologischen Einheit – der sozial lebenden Gruppe Mensch –, deren absolute Einstämmigkeit trotz mancher Lücke in unseren Kenntnissen niemand bestreiten kann. Aber das alles vollzieht sich in einer erneuerten und bereicherten biologischen Atmosphäre, in der von nun an durch die Intensivierung des Psychischen ein *Zusammenwachsen* verschiedener Zweige möglich wird, eine in der Natur bisher einmalige Erscheinung. Innerhalb der (prähumanen) Biosphäre ließ sich die Ausbreitung der Lebewesen noch durch äußere Kräfte und Widerstände erklären, die zwischen den biologischen Gruppen wirksam waren und ihr Auftauchen und Wiederverschwinden verursachten. Mit den Gemeinschaften des Menschen dagegen, die sich *von innen her* beeinflussen, tritt eine ganz neue Macht auf den Plan. Neben die elementare Durchsetzung, Verdrängung und wechselseitige Ablösung treten nunmehr wesentlich kompliziertere Formen von Verbindungen, die sich im Innern des Phylums vollziehen. Daraus ergeben sich (unter anderem) zwei Folgerungen:

Die erste ist die, daß wir es von nun an mit einer völlig neuartigen, besonders umwälzenden Art von Mutation zu tun haben. Diese Mutation beruht nicht mehr auf einer Veränderung der Chromosomen bei einzelnen Individuen, sondern auf der breiten, gegenseitigen Befruchtung volkreicher Stämme, die plötzlich miteinander in Berührung kommen, wie es der Zufall ihrer Wanderungen und ihrer Ausbreitung mit sich bringt. Auf diese Weise muß sich zu Beginn der historischen Zeiten der erste Kern der mediterranen Kulturen herausgebildet haben. Und aus gleichem Grunde

---

[1] Wir wissen über den Ursprung der Griechen oder der Chinesen nicht mehr als über den der Säugetiere oder der Amphibien.

muß zur Zeit Alexanders des Großen der Welt allmählich eine Ahnung davon aufgestiegen sein, daß sie eine Einheit bilde, als nämlich die großen Kulturvölker jener Zeit (Griechen, Inder, Chinesen) plötzlich gewahr wurden, daß sie ein und denselben Erdball bewohnten.[1] Und nicht anders war es, als mit der Entdeckung Amerikas und Ozeaniens der Okzident seinen bestimmenden Einfluß auf das Schicksal der Menschheit gewann, einen Einfluß, den er wohl noch lange ausüben wird.

Und nun die zweite der erwähnten Folgeerscheinungen: Wieder einmal wird uns vor Augen geführt, daß die Evolution auf ein Ziel gerichtet ist, daß sie eine «Orthogenese» zeigt. Man mag diese Gerichtetheit vielleicht bestreiten, solange es sich nur um das Gebiet des Morphologischen handelt. Sobald wir aber in den Bereich der menschlichen Gemeinschaften gelangen, wird dieser Charakter der Evolution ganz offensichtlich. Man verfolge nur einmal, wie aus dem Mosaik der jungsteinzeitlichen Völkerschaften durch Unterwerfung, Verschmelzung und allmähliche Umgruppierung die modernen Nationen oder Staaten, so wie wir sie heute kennen, hervorgegangen sind.

C. AUSWIRKUNGEN DER ORTHOGENESE. Unter «Orthogenese» haben wir hier (im rein etymologischen und ganz allgemeinen Sinne des Wortes) jene Grundströmung zu verstehen, derzufolge sich der Weltstoff, soweit wir sehen, auf korpuskulare Zustände hin entwickelt, die in ihrer materiellen Anordnung immer komplexer und in ihrer psychischen Struktur immer innerlicher werden. Diese Bewegung äußert sich, wie schon gesagt, bei den höheren Lebewesen in einer zunehmenden Konzentration des Nervensystems.

Allerdings können wir, soweit es sich um die historischen Zeiten handelt, die ich weiter oben als «expansive Phase» der Gesellschaftsbildung bezeichnet habe, (zumindest im jetzigen Augenblick) anatomisch keine im einzelnen nachweisbare Weiterentwicklung des menschlichen Gehirns feststellen. Während im Verlauf des Quartärs von den Prähominiden bis zum *Homo sapiens* ein deutlicher Fortschritt in der Einrollung und Wölbung des Schädels zu be-

---

[1] Vgl. R. Grousset, «De la Grèce à la Chine» (Monaco, «Les Documents d'Art», 1948), S. XI.

Die Entstehung der Kulturen

obachten ist, findet sich seit dem Ende des Paläolithikums nichts mehr, was auf eine merkliche Weiterbildung des Gehirns während der letzten zwanzigtausend Jahre hinweisen würde.[1] Man hat daraus schon oft den Schluß ziehen wollen, daß mit diesem anscheinend stationären Zustand[2] die Ausbildung des menschlichen Gehirns ihrem Abschluß nahegekommen sei, wenn sie nicht sogar bereits völlig zum Stillstand gelangt sei.

Das hieße jedoch die Tatsache übersehen, daß mit dem Menschen ein neuer Typus von psychogenetischer[3] Organisation (von erziehungs- und gemeinschaftsbedingter Art, vergleiche S. 93) in der Natur erschienen ist, dank einem bewunderungswürdigen Kunstgriff der Evolution: der Gesellschaftsbildung auf der Stufe des Selbstbewußtseins. Das ereignete sich gerade im rechten Augenblick, um die alten und teilweise vielleicht auch überholten Formen der Zerebralisation abzulösen und zu ersetzen.[4]

Wir wollen für den Augenblick (und mit allem Vorbehalt) einmal annehmen, das Gehirn habe beim Einzelmenschen in seinem histologischen Aufbau mit dem Ende des Quartärs wirklich die Grenze erreicht, die der Weiterentwicklung seiner Komplexität in physikalisch-chemischer Hinsicht gesetzt ist. Dann bliebe aber immer noch die Tatsache bestehen, daß seitdem die Vielzahl von Zentren menschlichen Lebens durch teils gemeinsame, teils gesonderte, teils auch gegenseitig sich ergänzende, unablässige Tätigkeit ein immer verwickelteres und dichteres Netz geistiger Bindungen, Erfahrungen und Gewohnheiten in und um sich geschaffen hat, das genau so beständig und unzerstörbar ist wie die ererbten Eigenschaften unseres

---

[1] Außer vielleicht, wenn man Weidenreich glauben darf, einer gewissen allgemeinen Tendenz zur Kurzköpfigkeit.

[2] Vielleicht handelt es sich hier nur um ein scheinbares Gleichbleiben, das auf die Kürze des beobachteten Zeitraums zurückzuführen ist (denn was sind schon 20000 Jahre für eine biologische Entwicklung, mag sie sich auch noch so rasch vollziehen), – oder aber darauf, daß wir nur einige grobe Einzelheiten bezüglich der Schädelformen wahrzunehmen vermögen (vergleiche Kapitel 4), nicht aber die feinen, noch ungeklärten Zusammenhänge von Anordnung und Wirkungsweise der Neuronen.

[3] «Psychogenetisch» in dem aktiven Sinn von «bewußtseinschaffend».

[4] Oder auch, um sie wieder in Gang zu bringen (vergleiche Kapitel 5).

Körper- und Gliederbaus. Durch Anhäufung und Vergleich einer Unzahl von Erfahrungen hat sich die Menschheit allmählich ein psychisches Erbgut geschaffen, in das hinein wir geboren werden und in dem wir leben und wachsen, ohne meistens zu ahnen, daß die uns allen gemeinsame Art, die Dinge zu empfinden und zu sehen, nichts anderes bedeutet als eine gewaltige, gemeinsame und gemeinsam gestaltete Vergangenheit.

Für jemand, der diese einer höheren Ebene angehörigen biologischen Tatsachen richtig zu erfassen vermag, ist es ganz offensichtlich, daß die Einrollung des Kosmos ihre unmittelbare Fortsetzung findet in den Phänomenen der Eroberung und Gestaltung der Erde durch den Menschen. – In Wirklichkeit ist der wesentliche Punkt nicht mehr die Frage, ob zufällig vielleicht die Entwicklung des Menschen allmählich langsamer verläuft: hat doch die Anthropogenese erst von dem Augenblick an ihren vollen Aufschwung genommen, da die Auswirkungen der Kultur sich bemerkbar machten. Es geht jetzt vielmehr allein um die Feststellung, auf welche Art von biologischer Vollendung uns die unveränderlich wirksamen Kräfte der Orthogenese in ihrer erneuerten Form hinführen werden.

Das veranlaßt uns nun, uns einmal mit einem Lösungsversuch zu befassen (wenn wir ihn auch als überholt verwerfen müssen), der trotz seiner Unzulänglichkeit und Schädlichkeit noch immer viele Anhänger findet. Wir bezeichnen ihn als die Theorie der «Individuation».

III. DIE INDIVIDUATION
(VERSELBSTÄNDIGUNG DES INDIVIDUUMS)

Da die Phylogenese der lebenden Formen letzten Endes nichts anderes ist als eine «Kettenreaktion der Korpuskelbildung» (vgl. Kapitel I), kann sie sich nur vollziehen um den Preis eines dauernden, stetig sich verschärfenden Kampfes zwischen dem Stamm und dem Einzelwesen, zwischen der Zukunft und der Gegenwart. Solange in einem Tierstamm die Unabhängigkeit der Individuen, die ihn mit ihrer Aufeinanderfolge verkörpern, soweit in Schranken gehalten ist, daß sie dem Ganzen, das heißt ihrer Rolle als Glied einer Kette, treu bleiben, solange entwickelt sich dieses Phylum ganz normal, das heißt von innen her gefestigt und geschützt durch einen ausgeprägten «Artsinn». Je mehr jedoch die einzelnen Glieder in der Kette dieses Phylums durch die Fortschritte der Korpuskelbildung an Innerlichkeit und an Freiheit gewinnen, desto mehr wächst auch für ein jedes von ihnen unweigerlich die «Versuchung», sich als Ende oder Krönung der betreffenden Art zu betrachten und zu «entscheiden», daß nunmehr der Augenblick gekommen sei, da es für sich allein weiterleben könne.

Als ein Wasserstrahl, der sich zuletzt in eine Vielzahl einzelner Tröpfchen auflöst, so stellt sich uns der Vorgang der «Granulation der Phyla» dar, – ein Vorgang, der sich im Bereich des Lebens, das unterhalb der Bewußtseinsschwelle liegt, praktisch noch nicht feststellen läßt, der jedoch beim Menschen, und vor allem dem in Gesellschaft lebenden Menschen, sehr rasch an Bedeutung gewinnt. Bei den sogenannten «primitiven» Völkerstämmen kann man, nach Ansicht der besten Beobachter unter den Ethnologen,[1] noch eine Art von kollektivem Gesamtbewußtsein feststellen, das ganz natürlicherweise den Zusammenhalt und das Zusammenleben der Gruppe erleichtert. Und so muß es in den vor-neolithischen Zeiten fast überall auf der Erde gewesen sein. Mit dem Aufsteigen der Kultur jedoch macht sich dann eine zunehmende Unruhe innerhalb der Völker bemerkbar, und jeder einzelne Angehörige dieser Völker fühlt sich getrieben von dem Vermögen und folglich dem Verlangen nach unabhängiger Betätigung und dem Genuß dieser Unabhängigkeit. Und zwar in so starkem Maße, daß man gegen Ende des neunzehnten Jahrhunderts allen Ernstes die Frage aufwerfen konnte, ob sich die Entwicklung der Menschheit nicht durch fortschreitende Zersplitterung und Auflösung ihrer Endphase nähere.

---

[1] Vgl. zum Beispiel: B. Malinowsky, «Argonauts of the West Pacific», eine Beschreibung der *Kula*, einer halb magischen, halb kommerziellen Vereinigung von äußerst komplizierter und vielfältiger Gliederung, bei deren alljährlichen Aufführungen keiner der Darsteller eine klare Vorstellung der Gesamtvorgänge zu haben scheint. Vgl. auch: Gerald Heard, «The Ascent of Humanity» («From group-consciousness, through individuality, to superconsciousness»).

Die Isolierung des Einzelmenschen erreichte in dieser Epoche, die geschichtlich gesehen dem Höhepunkt des Expansionsstadiums der Noosphäre entspricht, sozusagen naturgemäß ihr Höchstmaß, da hier der einzelne durch die Entstehung einer Kultur, die zum erstenmal einen universellen Charakter hatte, in seinem Hang zur Absonderung ungemein bestärkt wurde. Der «Artsinn» dagegen sank automatisch auf ein Mindestmaß herab durch die innere Lockerung des Phylums, dessen Zweige sich in so ungeheurem Maße ausbreiteten, daß sie schließlich die ganze Erde umspannten. Zeitalter der Menschenrechte, das heißt der Rechte des «Bürgers» gegenüber der Gemeinschaft. Zeitalter der Demokratie, die in allzu vereinfachender Weise verstanden wird als ein System, in dem alles nur für den Einzelnen da ist, in dem der Einzelne alles ist. Zeitalter des Übermenschen, des Menschen, der in einsamer Größe aus der Herde der Menschheit aufsteigen wird.

Auf Grund dieser vielfältigen, übereinstimmenden Anzeichen konnte man einen Augenblick lang glauben (und wie viele sind noch immer dieses Glaubens), die Menschheit habe, gleich einer Flüssigkeit, die zu kochen beginnt, einen kritischen Grenzzustand ihres Aufbaus erreicht und habe nunmehr keine andere biologische Möglichkeit und Bestimmung mehr als die, Partikeln hervorzubringen und sie in die Isolierung zu entlassen, – Partikeln, die immer mehr sich selbst genügen und nur um sich selbst besorgt sind.

Noch vor fünfzig Jahren schien die Kultur, die in der westlichen Welt eine Art Höhepunkt erreicht hatte, ganz offensichtlich in der völligen Verselbständigung des Einzelnen, das heißt in der Individuation, gipfeln zu wollen.

Doch genau in diesem Augenblick begannen am Horizont – gleich Wolken, die ebensowohl Stürme wie auch Verheißungen bedeuten können – die starken, bislang ungeahnten Kräfte der Totalisation[1] emporzusteigen.

---

[1] Das heißt der Entwicklung der Menschheit auf eine Einheit hin (Anm. d. Übers.).

V

DIE BILDUNG DER NOOSPHÄRE

2. GEMEINSCHAFTSBILDUNG IM STADIUM DER EINENGUNG
HERAUSBILDUNG VON GESAMTHEIT UND GESAMTPERSÖNLICHKEIT
AUSBLICKE IN DIE ZUKUNFT

I. DER TATSÄCHLICHE SACHVERHALT:
DIE UNAUFHALTSAME TOTALISATION DER
MENSCHHEIT UND IHR ABLAUF

Geblendet von den Aussichten oder, genauer gesagt, den Trugbildern, die die modernen Lehren von der Individuation einen Augenblick lang vor unseren Augen auftauchen ließen, träumen wir mitten im 20. Jahrhundert noch immer von einer Welt, in der der Einzelne in den Fortschritten der menschlichen Gemeinschaft lediglich ein immer besseres Sprungbrett sieht, von dem aus er sich in eine gänzlich unabhängige und «individualistische» Lösung des Lebensproblems flüchten kann. Es ist dies eine absolut pluralistische Einstellung, derzufolge das Ende der Welt jeweils nichts anderes wäre als das Ende eines jeden Teilchens Bewußtsein, in seiner Absonderung, in seiner verbindungslosen Einsamkeit gegenüber allen übrigen Teilchen. Und weil unser Blick von diesem Blendwerk gefangen ist, das uns die Illusion gibt, Fülle und Überfluß warteten auf uns, lassen wir aus Widerwillen oder Empörung eine zweite, völlig andersgeartete Möglichkeit außer acht – eine Möglichkeit, deren erste Zeichen sich jedoch überall häufen, sei es nun auf wirtschaftlichem, politischem oder philosophischem Gebiet. Diese Vorzeichen weisen darauf hin, daß die Gemeinschaftsbildung keineswegs dabei ist, sich bequem zu bescheiden und unserem privaten Nutzen unterzuordnen, wie wir uns so gerne einreden möchten, daß sie vielmehr unentwegt und allen sichtbar vorwärtsschreitet auf dem Wege einer nicht mehr aufzuhaltenden Vereinheitlichung. Drei Phasen heben sich dabei deutlich voneinander ab:

A. Erste Phase: Ethnische Verdichtung. Diese Erscheinung stellt sozusagen die «große Triebfeder», den eigentlichen Motor des gesamten Vorgangs dar. Auf der begrenzten Oberfläche unserer Erde nähert sich die Menschheit, wie wir alle fühlen, allmählich ihrem Sättigungspunkt und wird nun durch die ihrem Lebensgesetz entsprechende weitere Reproduktion und Multiplikation immer enger zusammengedrängt. Dadurch entsteht inmitten der Noosphäre eine fortwährend neu gespeiste, ja sogar immer stärker fließende Quelle freiwerdender Energie. Handelte es sich bei einem derartigen Vorgang um nichts anderes als um Gas, dann würde eine solche Vermehrung der Partikeln sich lediglich mechanisch oder wärmemäßig, das heißt in einer Steigerung des Drucks oder der Temperatur auswirken. Da es sich hier jedoch um menschliche oder, allgemeiner gesagt, um lebende Korpuskeln handelt, vollzieht sich diese Energieumwandlung in wesentlich komplizierterer Weise. Sie kommt schließlich nicht in einer bloßen zahlenmäßigen Äquivalenz zum Ausdruck, sondern in einer völligen Umordnung. Daraus ergibt sich die:

B. ZWEITE PHASE: WIRTSCHAFTLICH-TECHNISCHE ORDNUNG. Komprimiert man unbelebte Materie, so wird sie sich dieser Einwirkung entweder entziehen oder auf sie ansprechen, indem sie eine Veränderung ihrer Struktur oder ihres Zustandes durchmacht. Unterwirft man belebte Materie derselben Behandlung (natürlich mit der gebotenen Vorsicht und in den entsprechenden Grenzen), dann wird man feststellen, daß sie sich organisiert. Es gibt wohl kein allgemeineres Gesetz, mit dem man die Entstehung der Biosphäre, und noch mehr der Noosphäre, erklären könnte. Ohne einen Druck, den die Korpuskeln aufeinander ausübten (das heißt in einem als unbegrenzt erweiterungsfähig oder als vollkommen spannungsfrei angenommenen Raum), wäre das Leben wahrscheinlich niemals auf der Welt aufgetreten, – geschweige denn das Denken, oder gar die menschliche Gesellschaft. Und beruht nicht auch die Tatsache, daß die Kultur um uns her ihren gegenwärtigen Stand und ihren derzeitigen Wirkungsgrad erreicht hat, auf einem bestimmten, optimalen Verhältnis zwischen den Dimensionen unseres Seins und der Krümmung des Gestirns, auf dem wir leben? (Welch geheimnisvoller Zusammenhang zwischen Menschwerdung, Ausdehnung der Kontinente, Gewicht und Größe der Erde!) Um sich von diesen Zusammenhängen zu überzeugen, braucht man nur die Kurve der kulturellen Entwicklung mit derjenigen der Besiedlung der Erde zu vergleichen. Je enger die Menschheit durch ihr ständiges Anwachsen, besonders seit dem Neolithikum, zusammengedrängt wird, desto mehr sieht sie sich, um Platz zu gewinnen, der Notwendigkeit gegenüber, immer neue Mittel zu finden, mit deren Hilfe sie ihre einzelnen Glieder in einer Raum und Energie sparenden Weise ordnen kann. Dies hat ein höchst bemerkenswertes, wenn auch für den Biologen nicht unerwartetes Ergebnis zur Folge: Was zunächst nur ein mechanischer Druck und eine, schier möchte man sagen, geometrische Neugruppierung der Masse Mensch zu sein schien, verwandelt sich nun unter dem Stachel dieses Zwangs und dem Suchen nach geeigneten Mitteln, sowie unter dem Einfluß der dabei gefundenen Verfahren in Verinnerlichung und Freiheit immer höheren Grades innerhalb eines Ganzen von immer besser aufeinander abgestimmten denkenden Partikeln. – Und damit kommen wir zur dritten Phase des besagten Vorgangs.

C. DRITTE PHASE: GLEICHZEITIGE STEIGERUNG DES BEWUSSTSEINS, DES WISSENS UND DER REICHWEITE DES WIRKENS. Die Tatsache, daß eine Verbesserung der sozialen Ordnung ganz automatisch von einer Erhöhung der «psychischen Temperatur» begleitet wird, ist an sich nichts Überraschendes. Finden wir darin doch ganz einfach unser Grundgesetz Komplexität gleich Bewußtsein wieder, das uns durch das ganze hier vorliegende Werk als Angelpunkt und Leitfaden gedient hat. – Was jedoch unser Interesse weckt, ist die Beobachtung, daß diese Zunahme an geistiger Innerlichkeit und damit an schöpferischer Kraft (worin sich letzten Endes ja die erdumfassende Verdichtung der Menschheit äußert) gleichzeitig und unvermeidlich auch den Aktionsradius jedes einzelnen Menschen anwachsen läßt, sowie seine Fähigkeit, alle andern mit seinem Geiste zu durchdringen.[1] Die direkte Folge dieser Erscheinung ist eine stärkere Komprimierung der Noosphäre; diese löst automatisch eine verbesserte Organisation aus, die ihrerseits eine Intensivierung des Bewußtseins herbeiführt; woraufhin dann eine erneute Komprimierung der Noosphäre folgt, und so fort. Nicht nur, daß sich damit die organisch verschmolzene Kette zu einem Kreis schließt, dieser gewinnt dabei auch – gleich einem physikalischen System, das einmal in

---

[1] Kann nicht heutzutage, allein schon dank den elektromagnetischen Wellen, jeder Mensch unmittelbar und gleichzeitig mit allen anderen Menschen der Erde in Verbindung treten, und zwar gerade durch das, was das eigentlich Menschliche an ihm ist?

Schwingung geraten ist – unaufhörlich an Kraft. – Wenn man sich, wie wir es gerade getan haben, auch nur ein wenig die Mühe macht, das Zusammenwirken jener wirtschaftlich-technisch-sozialen Kräfte zu untersuchen, die sich seit einem Jahrhundert in einem immer engeren Netz um unsere Erde schlingen, dann muß man feststellen, daß wir außerstande sind, uns den Kräften zu entziehen, die uns zu immer engerem Zusammenrücken zwingen. Während die unaufhaltsame Umklammerung der Erde durch diese Kräfte in den vor-industriellen Epochen der Geschichte noch fast unbemerkt anwuchs, ist sie nunmehr in ihrer ganzen Stärke jäh und unvermittelt offenbar geworden.

Unabhängig von jeder wissenschaftlichen oder philosophischen Voreingenommenheit und noch vor jeglichem Werturteil (das heißt so objektiv und unabänderlich wie der Lauf der Gestirne oder der Zerfall der radioaktiven Substanzen), drängt sich uns damit eine Situation, oder besser: eine allgemeine Voraussetzung unserer Erfahrung auf, die jeden Versuch, eine andere Ansicht zu begründen (gleich auf welchem Teilgebiet), von vorne herein zum Scheitern verurteilt.

«Durch die vereinigte Wirkung zweier Krümmungen, beide von kosmischen Ausmaßen, – die eine physischer Art (Erdkrümmung), die andere psychischer Art (Hinwendung des Denkens zu sich selbst),[1] findet sich die Menschheit, wie wenn sie von einem Räderwerk erfaßt wäre, in einen Wirbel immer schnellerer Vereinheitlichung hineingezogen.»

Soweit die nackte Tatsache.

Wir wollen nun versuchen, diese Tatsache zu verstehen.

---

[1] Auf das prae-humane Leben übt lediglich die erste dieser beiden Krümmungen eine feststellbare Wirkung aus; daher auch das Unvermögen der Biosphäre (im Gegensatz zur Noosphäre), sich auf eine Mitte hin zu entwickeln.

II. DIE EINZIGE WIDERSPRUCHSLOSE DEUTUNG DIESES PHÄNOMENS: DIE WELT IM ZUSTAND DER KONVERGENZ

Nachdem unsere wiederholten Versuche gescheitert sind, den Ring zu durchbrechen, der sich um uns zusammenschließt, beginnen wir nun endlich zu erkennen, daß die Mächte, die so bedrängend uns einander nähern, vielleicht doch kein momentaner Zufall sind, sondern Anzeichen und Umriß einer bleibenden Form, die eben im Begriff steht, diese unsere Welt für immer zu erobern. Angesichts dieser Tatsache mag uns eine wahrhaft «tödliche» Furcht befallen: die Furcht nämlich, daß wir im Verlaufe der sich ankündigenden Umwandlung unser kleines «Ich» wieder verlieren könnten, jenes kostbare Fünkchen Denken, das zu entzünden Jahrmillionen mühsamer Versuche nötig waren. Es ist dies die wesenhafte Angst des denkenden Einzelwesens angesichts eines offenbar blinden Ganzen, dessen unermeßliche Schichten sich über ihm zusammenschließen, als wollten sie es bei lebendigem Leibe wieder verschlingen. Sind wir denn nur deshalb zum Bewußtsein vorgedrungen – und nicht nur zum Bewußtsein, sondern, wie Lachelier sagt, zum Bewußt-sein des Bewußtseins –, um alsbald wieder in ein noch viel schwärzeres Unbewußtsein zu versinken? – gleich als ob das Leben, nachdem es uns bis in greifbare Nähe an das Licht herangetragen hat, nun erschöpft wieder zurücksinke.

Diese pessimistische und entmutigende Vorstellung eines Niedergangs oder einer Vergreisung des Geistes, hervorgerufen durch allgemeine Ankylose (Verwachsungsprozesse in den Gelenken) der Menschheit, entbehrt auf den ersten Blick nicht eines gewissen Anscheins der Richtigkeit. Man bedenke die ersten Auswirkungen der Fabrikarbeit, die den Menschen geradezu versklavt; oder die brutalen, totalitären Formen, wie sie die vordringende Macht des Staates zunächst annimmt; oder auch das beängstigende Beispiel der Ameisen und Termiten (um so beängstigender, als es vielfach falsch verstanden wird[1] . . .): alle diese beunruhigenden Symptome rechtfertigen bis zu einem gewissen Grade die instinktive Reaktion der Furcht und des Abscheus, die so viele Menschen vor der unerbittlich fortschreitenden Totalisation der Noosphäre verzweifelt Zuflucht suchen läßt bei den nunmehr überholten Leitbildern des Individualismus und Nationalismus.

Um aber die wirkliche Bedeutung dieser Vorgänge ermessen zu können, ist es gerade hier sehr wesentlich, daß wir wissenschaftlich vorgehen, das heißt in diesem Falle, daß wir den kritischen Kurvenabschnitt, den wir im Augenblick durchlaufen, in einen möglichst weiten Rahmen und Zusammenhang hineinstellen, und ihn aus genügendem Abstand betrachten. Kehren wir zu diesem Zweck noch einmal zu unserer Vorstellung von einem Universum zurück, das im Zuge ist sich zusammenzurollen. Diese Betrachtungsweise hat uns während unserer Untersuchung noch nie im Stich gelassen. Öffnet sie uns nicht die Augen dafür, daß unsere Befürchtungen eines Abstiegs der Menschheit infolge erdweiter Zusammenfasung (déshumanisation par planétisation) übertrieben sind? Ist doch diese Vereinheitlichung über die ganze Erde hinweg, die uns solche Furcht einflößt, in ihren Auswirkungen nichts weiter als die natürliche und unmittelbare Fortführung des Entwicklungsprozesses, aus dem im Ablauf der Zeitperioden der zoologische Typus Mensch hervorgegangen ist! Gerade eben haben wir festgestellt, daß der physisch-soziale Druck, dem wir ausgesetzt sind, letzten Endes zu einer Steigerung der psychischen Temperatur der Menschheit führt. Hat man das bisher Gesagte richtig verstanden, dann bedarf es keiner neuen Beweise mehr für die Gewißheit, daß die höhere Form des Zusammenschlusses, zu der uns die Entwicklung der Kultur notwendigerweise hinführt, weit davon entfernt ist, einem Aggregat von materiellen Teilchen (Pseudo-Komplex) zu gleichen, in dem die Freiheit der Teile aufgehoben ist durch die Wirkung der großen Zahl, oder zu einem Mechanismus wird durch geometrische Wiederholung. Sie gehört vielmehr (vgl. Kapitel I) zu der Gruppe der schöpferischen Zusammenschlüsse

---

[1] Das heißt, man übersieht dabei den grundlegenden Unterschied, der zwischen dem «mechanisierbaren» Innenleben der Insekten und dem «der Vereinheitlichung fähigen» seelischen Leben des Menschen besteht.

(«Eu-Komplexe»), deren Organisation ihrer Art und Bedeutung nach *ipso facto* eine biologische ist, da sie und insoweit sie *Bewußtsein schaffend* ist.

Mit dieser Bewegung zur Totalität, die uns im gegenwärtigen Augenblick anscheinend unseres Selbst und unserer Mitte berauben will, nimmt (wenn man tiefer blickt) nur das ewige, das immer gleiche Spiel einer Leben gebärenden Korpuskelbildung einen neuen Anfang, nunmehr allerdings auf einer höheren Ebene. Die Korpuskelbildung, die zunächst ihren Höhepunkt erreicht zu haben schien in der Verwirklichung des denkenden Bewußtseins im Einzelwesen, macht es sich nunmehr zur Aufgabe, diese einzelnen Denksubjekte zu gruppieren und zu einem Ganzen zusammenzufassen. Nach dem Menschen die Menschheit . . . . Eine Bewegung, die, wie wir wissen, sich schon bei den Prähominiden abzeichnet; die dann während der gesamten Entwicklung des *Homo sapiens* auf breiter Basis, wenn auch noch verborgen und kaum wahrnehmbar, ihren Fortgang nimmt; die aber erst heute (aus einem recht einleuchtenden Grunde) in eine kritische Phase eintritt, in dem sie uns alle zusammenschließt.

Greifen wir noch einmal auf das Bild zurück, mit dem wir unsere Untersuchung der Noosphäre begonnen haben (vgl. Kapitel IV, S. 87), als wir die Ausbreitung der Menschheit mit einer Woge verglichen, die sich im Inneren eines imaginären Globus vom Südpol zum Nordpol fortpflanzt. Die gegenwärtige Krise in der Entwicklung des Individuums entspricht dabei dem Augenblick, da diese Woge den Äquator erreicht und damit ein Höchstmaß an Ausdehnung, das heißt an Unabhängigkeit der Einzelwesen, die sich im Verlaufe der Ausbreitung der Kultur stark differenziert haben. Es ist dies aber auch eine Situation labilen Gleichgewichts, wo auf einer bevölkerungsmäßig saturierten Erde schon der geringste Druckanstieg zwischen den unter hoher Spannung stehenden Mensch-Molekülen genügt, um den entscheidenden Umschwung herbeizuführen, den wir zugleich als Handelnde, als Leidende und als Zeugen miterleben. Es geht um den Wechsel der Hemisphäre; um die Tatsache, daß das Universum sich wie eine Kuppel jäh über uns schließt; um den Übergang von der Phase der Ausweitung zur Phase der Einengung.

Wenn früher das Bewußtsein der Menschen schon durch die Entdeckung eines neuen Erdteils in Aufregung versetzt wurde, welche Umwälzung muß sich dann erst jetzt in unserem Denken vollziehen, da sich uns (glücklicherweise nur allmählich und behutsam) eine völlig ungewohnte, neue Daseinsweise auftut, in die wir uns hineingestoßen sehen, in der wir unsern Weg fortsetzen müssen, unter dem unwiderstehlichen Zwang einer Welt, die sich verengt. – Gleich einem Arzt, der sich besorgt über seinen Patienten beugt, fragen auch wir uns oft, weshalb eigentlich dieses noch nie gekannte Gemisch von Sorge und Hoffnung überall den Einzelnen wie auch den Völkern die Ruhe nimmt. Ist der letzte Grund dieses allgemeinen Unbehagens nicht eben darin zu suchen, daß die Kurve der Entwicklung ihren Wendepunkt erreicht hat und uns plötzlich aus einer Welt, in der die Divergenz und damit der zunehmende Abstand der Linien noch vorherrschend schienen, überwechseln läßt in eine ganz andersgeartete Welt, in eine Welt, die, von dem Ablauf der Zeit gedrängt, schnell auf sich zusammenfließt?[1] Eine grundlegende Wandlung der Gesamtstruktur und des ganzen Klimas, eine Wandlung, die mit einem Male die Gesamtheit unseres Weltbildes und unseres Handelns beeinflußt und neu gestaltet. Mit dem beginnenden 16. Jahrhundert hat der Mensch nach und nach erkannt, daß der Kosmos, in den er sich hineingestellt sah, in Bewegung begriffen ist, und daß diese Bewegung auf einer Anlage beruht, die vor allem auf eine höhere Form des Lebens hinzielt. Erst jetzt jedoch, bei einem dritten Schritt – übrigens dem gefährlichsten von allen –, beginnt der Mensch gewahr zu werden, daß die Kosmogenese, wenn man sie recht versteht, noch keineswegs zu Ende ist, ja sogar, daß dieser Kosmos im Begriffe steht, sich über seinen Häuptern zusammenzuschließen, und zwar viel schneller als man erwarten konnte.

In diesem entscheidenden Augenblick, da er, der Mensch, sich zum erstenmal von der Wissenschaft belehren läßt, um sich der Grundzüge seiner Zukunft auf dieser Erde bewußt zu werden, hat er wohl eines besonders nötig: Er muß sich durch zuverlässige Tatsachen

---

[1] Dieses «Überschreiten des Äquators» macht vielleicht auch die schweren politischen und sozialen Stürme erklärlich, die im Augenblick unsere Welt erschüttern.

vergewissern, daß die Kuppel (oder der Kegel) aus Raum und Zeit, in die ihn sein Schicksal hineingestellt hat, nicht eine Sackgasse ist, in der das Leben dieser Erde sich selbst zerdrücken und ersticken wird, sondern daß diese Form des Kosmos der Sammlung einer Kraft dient, die dazu ausersehen ist[1] (mittels der durch die Konvergenz freigewordenen Energie) die nötige Stärke zu gewinnen, um alle noch vor ihr liegenden Schranken, welcher Art sie auch immer seien, zu durchbrechen.

III. AUSWIRKUNGEN UND ERSCHEINUNGSFORMEN DER KONVERGENZ

A. Zunahme der freien Energie und Intensivierung der Forschung.

Wir haben im Vorhergehenden (S. 103-106) die kettenartige Struktur des «wirtschaftlich-technisch-wissenschaftlich-sozialen» Gesamtkomplexes untersucht, der für eine Menschengemeinschaft kennzeichnend ist, die ihr «äquatoriales» Stadium erreicht hat, das heißt den Punkt, an dem dann Umschwung und Einengung einsetzen. Dabei haben wir darauf hingewiesen, daß eine solche Konstellation allein durch die Art ihres Ineinandergreifens die Freiheit des Menschen aufruft, sich zu immer höheren Graden organisch-physischer Vervollkommnung emporzuarbeiten. In dieser Hinsicht verhält sich die in polarer Einengung begriffene Noosphäre wie ein Körper, der Strahlen aussendet, wobei die Strahlung hier in freiwerdender Energie besteht, mit deren Wesen und Wandlungen wir uns nun einen Augenblick befassen müssen.

Ursprünglich ist die freie Energie, von der hier die Rede ist, nichts anderes als die Summe (sowohl physischer wie psychischer) menschlicher Aktivität, die durch den Fortschritt einerseits der sozialen Zusammenarbeit und andererseits *der Mechanisierung* verfügbar wird. Ich habe wiederholt darauf hingewiesen, daß nichts ungerechtfertigter und sinnloser wäre, als wenn man gegen den zunehmenden

---

[1] Natürlich unter der Voraussetzung (vgl. S. 124-199), daß der Gebrauch, den wir von unserer Freiheit machen, dem nicht entgegensteht.

Arbeitsverzicht protestieren und ankämpfen wollte, zu dem uns die Maschine unweigerlich führt. Ohne den Automatismus, der in so vielfacher Form die Organe unseres Körpers sozusagen «ganz von allein» arbeiten läßt, hätte ganz gewiß auch niemand die «Muße» zu lieben, zu denken oder schöpferisch tätig zu sein; wären wir in diesem Fall doch schon ganz und gar in Anspruch genommen von der Sorge um unseren «Stoffwechsel». Wie sollten wir nicht begreifen (ohne daß wir die Störungen verkennen wollen, die eine zu plötzliche Einschränkung der Handarbeit mit sich bringen kann), daß die immer vollständigere Industrialisierung der Erde nichts anderes darstellt als die menschlich-kollektive Form des universalen Vitalisationsprozesses, der hier wie überall sonst Verinnerlichung und Befreiung bringt, sofern wir nur verstehen, uns ihm entsprechend anzupassen.

Angesichts des Stromes ungenutzter Energien, die bereits durch das Zusammenwirken (die Konvergenz) der menschlichen Massen frei geworden sind, obwohl ja diese Bewegung eben erst eingesetzt hat, ist die allgemeine, wenn auch widersinnige und naturwidrige Reaktion die, daß wir versuchen, diese entfesselte Kraft, die uns beunruhigt, zurückzustauen. Wäre es nicht viel sinnvoller, wir bemühten uns, diese Flut in feste Bahnen zu lenken entsprechend der Richtung, in die sie ganz offensichtlich die Natur selbst treibt, nämlich in die Richtung der Forschung?

In einem ganz allgemeinen Sinne kann man (und muß man sogar) sagen, daß das Forschen – verstanden als tastendes Sichbemühen um die Entdeckung immer neuer und besserer biologischer Bedingungen – schlechthin eine der Grundeigenschaften der lebenden Materie ist. Wenn man den Begriff «Forschung» allerdings in seinem üblichen, engeren Sinne versteht, nämlich als *bewußtes* Suchen, dann ist sie notwendigerweise nicht älter als das Erwachen des Denkens auf der Erde. Die Forschung als eine von der ganzen Menschheit, auf breiter Basis und bewußt betriebene Suche jedoch ist (und dies ist eine sehr wichtige Erkenntnis) die Folge einer erst vor kurzem eingetretenen, äußerst bedeutsamen Entwicklung der Menschheitsgeschichte.

Ich weiß, daß wir hier, wie in so vielen anderen Fällen, Gefahr laufen, uns durch die Langsamkeit, mit der das Leben sich weiterentwickelt, täuschen und einschläfern zu lassen. Versuchen wir deshalb, die Entwicklung der Menschheit einmal an zwei Punkten festzuhalten, die zeitlich so weit auseinanderliegen, daß sie die allgemeine Richtung des ganzen Systems erkennen lassen. Oder besser noch, versetzen wir uns nacheinander an zwei verschiedene Punkte einer bestimmten Phase besonders rascher Entwicklung; vergleichen wir zum Beispiel von dem uns im Augenblick interessierenden Gesichtspunkt aus den heutigen Stand der Welt mit jenem, den sie zwischen der Renaissance und der französischen Revolution erreicht hatte. Aus einer solchen Gegenüberstellung ergeben sich zwei aufschlußreiche Tatsachen.

Die erste ist die, daß in weniger als zweihundert Jahren das Wissenschaftlich-Technische plötzlich eine ungeheure Bedeutung (qualitativ und quantitativ) für das Handeln und Wirken des Menschen gewonnen hat. Bis zum Beginn des 19. Jahrhunderts war der Gelehrte, wie jeder weiß, ein Ausnahmewesen, ein «Wißbegieriger», den sein «hobby» oder seine Träume von den anderen Menschen absonderten – ein vereinzelt auftretender Typ, der mit der Masse der Menschen in nur loser Verbindung stand. – Heutzutage dagegen zählen die Forscher nach Hunderttausenden und bald sogar nach Millionen – und sie sind auch nicht mehr vereinzelt und zufällig über die Erde verstreut, sondern sie gehören kraft ihrer Tätigkeit zu einer ausgedehnten Organisation, die von nun an für das Leben der Gesamtheit unentbehrlich ist.

Die zweite jener Tatsachen ist das überraschende zeitliche Zusammentreffen zwischen einem so einschneidenden Ereignis, wie es der Beginn der Vorherrschaft (ja des Zeitalters!) der Forschung auf der Erde darstellt, und dem ungewöhnlichen Fortschritt, den im selben Augenblick auch die Entwicklung der menschlichen Gesellschaft erlebt, die – wie ich schon sagte – an dem Punkt ihres Übertritts in eine andere Hemisphäre angelangt ist. Es ist zweifellos kein bloßer Zufall, wenn die Zahl der Wissenschaftler und ihre Verbindung untereinander sozusagen «in geometrischer Progression» anwächst im Schoße einer Menschheit, die sich immer konzentrischer entwickelt. In ihren tiefsten Ursprüngen stehen diese beiden Erscheinungen in engstem Zusammenhang, oder vielmehr sie bilden nur ein Ganzes, insofern (um das oben Gesagte nochmals aufzunehmen und zu verstärken) als die Forschung tatsächlich die ursprüngliche und naturgegebene Form ist, die die menschliche Energie in dem kritischen Augenblick ihres Freiwerdens annimmt.

So wird auch erklärlich, daß sich um diese unsere Erde mit ihrer zunehmenden Vereinheitlichung eine immer dichtere und mit immer mehr Energie geladene Atmosphäre schöpferischen und erfinderischen Strebens bildet; zunächst nur wie ein leichter, dünner Nebel, von jedem Windhauch der Laune oder Phantasie hin- und hergeweht; doch dann wie eine dichte Hülle, die von dem Augenblick an eine furchtbare Unwiderstehlichkeit gewinnt, da ein mächtiger Sog sie wie ein Wirbel erfaßt und zwingt, sich zu sammeln (was wir ja mit eigenen Augen feststellen können), um in einer gemeinsam festgelegten Richtung wie ein einziger Pfeil auf die Welt des Wirklichen vorzustoßen, mit dem Ziel, nicht nur ein höheres Maß an Genuß oder Wissen zu erlangen, sondern ein höheres Maß an Sein.[1]

B. Neubelebung der Evolution und weitere Ausbildung des Gehirns.

I. *Die Evolution erhält einen neuen Anstoß*. Wir lassen uns immer wieder täuschen von der Langsamkeit, mit der sich jegliche Bewegung von kosmischen Ausmaßen vollzieht. Wir können uns deshalb zumeist nur schwer vorstellen, daß die Entwicklung des Menschen keineswegs abgeschlossen ist, sondern immer noch weiterläuft. Die Unveränderlichkeit, die wir hinsichtlich der Sterne, der Berge und der gesamten Vergangenheit des Lebens schon längst als illusorisch erkannt haben, nehmen wir für uns selbst noch immer in Anspruch. Muß man aber, selbst wenn bewiesen wäre, daß die Entwicklung der Menschheit dank der Kultur auch in historischer Zeit noch eine Weile weiterlief, nicht doch annehmen, daß sie mit der schließlich erreichten Stufe der Individuation nunmehr endgültig zum Stillstand gekommen ist?

---

[1] Man beachte, daß sich innerhalb dieser Gesamtbewegung das künstlerische Streben, obwohl es Wegen folgt (oder einer Physiologie), die für uns noch im Dunkeln liegen und die eigentlich eine gesonderte Untersuchung erfordern würden, biologisch nicht von der wissenschaftlichen Forschung trennen läßt (mit der allein wir uns hier befassen). Es ist unlöslicher Bestandteil ein und desselben Ausbruchs überreicher menschlicher Energie.

Mit dieser Fragestellung, scheint mir nun, sind wir an einem Punkt angelangt, wo wir ein für allemal und ganz entschieden mit der immer wiederkehrenden Legende aufräumen müssen, die Erde sei mit dem heutigen Menschen am Ende ihrer biologischen Möglichkeiten angelangt. Wir werden zu diesem Zweck nachweisen – immer ohne den Boden wissenschaftlicher Forschung zu verlassen –, daß gerade durch die Kräfte der Konvergenz, die während der «kompressiven» Phase der Gemeinschaftsbildung auftreten, die Entwicklung des Lebens auf der Erde nicht nur Mittel und Wege findet, um sich auch in uns nach altem Rezept fortzusetzen, sondern daß sie, vergleichbar mit einer Mehrstufenrakete, die mehrmals aus sich selbst heraus frischen Antrieb empfängt, gerade jetzt, vor unsern Augen, einen neuen Anlauf nimmt, indem sie eine neue Methode verfolgt, die eine bisher noch nicht gekannte Durchschlagskraft besitzt.

Dieser Punkt ist von entscheidender Bedeutung, und wir wollen versuchen, ihn richtig zu verstehen. Halten wir zu diesem Zweck einen Augenblick inne und betrachten wir einmal in einer Gesamtsicht die einzelnen Stadien zunehmender korpuskularer Ordnung, wie sie sich anscheinend im Laufe der Entwicklung im Innern eines in Zusammenrollung begriffenen Universums herausgebildet haben.

Während einer ersten, unendlich langen Phase (der «prae-vitalen» Periode) scheint, soweit wir dies beurteilen können, der bloße Zufall die Bildung der ersten Komplexe bestimmt zu haben. Danach folgt ein zweiter, ebenfalls sehr ausgedehnter Zeitabschnitt (Periode des prae-humanen Lebens), der insofern noch umstritten ist, als sich nach Ansicht der sogenannten Neo-Darwinisten die Entstehung der Biosphäre während dieser Periode wiederum durch den bloßen Zufall erklären läßt (automatische Selektion), während nach Auffassung der sogenannten Neo-Lamarckianer zwar ebenfalls der Zufall dafür verantwortlich ist, aber diesmal ein Zufall, der von einem inneren Prinzip der Selbstorganisation ergriffen und nutzbar gemacht wird. Noch später (nachdem der Schritt zur Reflexion vollzogen ist) taucht schließlich aus einem Milieu, das noch ganz den Gesetzen der großen Zahl unterliegt, die individuelle Gabe geistiger Kombination hervor, und damit ein spezifischer und normaler Faktor des typisch menschlichen Lebens. Hierin wollen nun viele den Endpunkt der biologischen Entwicklung der geistigen und schöpferischen Kräfte sehen.

Ergibt sich aber aus dem bisher Gesagten nicht ganz eindeutig, daß der Ring damit noch keineswegs geschlossen ist, sondern daß die Entwicklung im Gegenteil die Tendenz zeigt, in einem weiteren Schritt ihre Fortsetzung, wenn nicht ihren Höhepunkt zu suchen? – Auf die «private» Erfindung und Entdeckung, die Frucht des Suchens des Einzelnen, folgt die kollektive Entdeckung, das Ergebnis einer von der Gesamtheit getragenen Forschung!

Und damit sind wir wieder mitten in unserem Thema.

Wenn die oben festgestellten Beziehungen zwischen der planetarischen Einengung, dem Freiwerden menschlicher Energie und schließlich der Intensivierung der wissenschaftlichen Forschung zutreffen, ist dann eine Menschheit, die in ihrer sozialen Struktur dem Stadium der Einengung entspricht, nicht gleichbedeutend mit einer Menschheit, in der einer dem andern hilft, daß etwas gefunden werde? Und was wollen sie letzten Endes anderes *finden* als Mittel und Wege zu einem Über-Menschsein oder doch wenigstens einem Ultra-Menschsein?[1]

Betrachten wir einmal, was um uns vorgeht, unter dem zwiefachen Gesichtspunkt einer zunehmenden Intensivierung und einer immer größeren Zielstrebigkeit in den Bemühungen der Forschung. Atomphysik, Chemie der Proteine, Biologie der Gene und Viren ... Eine ganze Reihe auf breiter Basis durchgeführter Vorstöße, die gerade auf die entscheidenden Punkte gerichtet sind, hinter denen sich die wahren Triebkräfte der kosmischen Einrollung verbergen, die hier in ihren wesentlichsten Stufen untersucht wird. Und folglich auch eine ganze Reihe von Vorstößen mit dem Ziel einer Einflußnahme auf das verborgene Triebwerk der Biogenese. – Bis zum Menschen, das heißt innerhalb der Biosphäre, haben wir es mit Gebilden zu tun, die entweder mehr oder weniger fertig vor uns stehen, oder sich wie durch ein unbewußtes Tasten entwickeln.

---

[1] «Ultra-Menschsein», – so wie man «ultra-violett» sagt: dieser Begriff soll lediglich die Vorstellung zum Ausdruck bringen, daß *das Menschliche* über sich hinauswächst zu einer besser organisierten, sozusagen «erwachseneren» Form als der uns bisher bekannten.

Vom Menschen ab (dem letzten und höchsten Produkt dieser Evolution *ersten Grades*), das heißt also innerhalb der Noosphäre, geht es um Gebilde, die berechnet sind, die sich gegenseitig ergänzen und sich miteinander verbinden. Haben wir es hier nicht mit einer Evolution zu tun, die ihre Kräfte zu einem Vorstoß von ganz neuer Art zusammenfaßt, der erst dadurch möglich wurde, daß diese Evolution sich ihrer selbst bewußt wurde? mit einer Evolution *zweiten Grades*, einer bewußten Evolution? sozusagen der zweiten Raketenstufe, der bei ihrem Start die von der ersten Stufe erreichte Geschwindigkeit als Nullpunkt dient?

... Ein Flug übrigens, der (wie wir noch sehen werden) unausweichlich in ein und dieselbe immer gleiche Richtung führt, in die Richtung fortschreitender Gehirnbildung.

II. *Das Ziel: Vervollkommnung des Gehirns.* Ich habe bereits weiter oben (Kapitel IV, S. 97 f.) den Vorgang der kollektiven Weiterbildung des Gehirns erwähnt und näher erläutert, der mangels anderer Anzeichen, die anatomisch einwandfrei feststellbar wären, das einzige Zeugnis dafür ist, daß die kosmische Bewegung der Korpuskelbildung auch noch in geschichtlicher Zeit andauert, in einem Zeitabschnitt, der zur Phase der Ausbreitung des Menschen gehört. Es ist nun theoretisch ganz selbstverständlich und praktisch vielfältig nachzuweisen, daß dieser Prozeß sich mit dem Einsetzen der Konvergenz noch beschleunigt und intensiviert. Allerdings lassen wir uns auch in diesem Fall wieder durch die Ausgedehntheit und die Langsamkeit des Vorgangs dazu verleiten, ihm nur oberflächliche Beachtung zu schenken. Können wir indes übersehen, wie sich in unserer Mitte, begünstigt durch neue Möglichkeiten immer schnellerer Fortbewegung und Gedankenübermittlung, immer mehr Kristallisationspunkte des Geistes bilden, dadurch daß sich die Einzelnen zu festen Funktionskomplexen zusammenschließen und ihre geistigen Kräfte mit gleicher Hingabe auf ein und dasselbe Problem konzentrieren? Dürfen wir nicht, wenn wir biologisch denken, mit Fug und Recht in diesen Komplexen eine «graue Substanz» der Menschheit sehen?

Mit dieser «Innervation» der Gesellschaft (ein Versuch, den die Natur noch niemals in ähnlichem Ausmaß oder mit vergleichbaren

Subjekten unternommen hat) eröffnet sich nun dem menschlichen Geist eine geradezu revolutionäre neue Möglichkeit, – die Möglichkeit nämlich, daß sich die Forschung nun ganz bewußt gerade auf den Verstand richtet, dem sie selbst entspringt. Die kollektive Cerebralisation (im Stadium der Konvergenz) benützt die Schärfe ihrer gewaltigen geistigen Kräfte dazu, das Gehirn des Einzelnen zu vervollständigen und anatomisch zu vervollkommnen.

Zunächst, *vervollständigen*: Ich denke hier an die erstaunliche Leistung der Elektronenautomaten (die ersten Ergebnisse und die große Hoffnung der noch jungen «Kybernetik»). Diese Apparate ersetzen und vervielfachen das Rechen- und Kombinationsvermögen des menschlichen Geistes durch so sinnreiche Verfahren und in einem solchen Maß, daß wir in dieser Richtung eine ebenso großartige Steigerung unserer Fähigkeiten erwarten dürfen, wie sie die Optik für unser Sehvermögen gebracht hat.

Und dann, *vervollkommnen*: Es gibt zwei Möglichkeiten, wie man sich dies vorstellen kann: – entweder so, daß zusätzliche Neuronen eingeschaltet werden, die schon völlig funktionsbereit, aber bisher noch ungenutzt (sozusagen als Reserve) an bestimmten, dafür vorgesehenen Stellen des Gehirns bereit liegen, und die es nur noch zu aktivieren gilt; – oder aber, wer weiß? auch dadurch, daß durch mechanische, chemische oder biologische Einwirkungen eventuell sogar völlig neue Organe ins Leben gerufen werden.

Damit würde sich innerhalb der in fortschreitender Verdichtung befindlichen Noosphäre eine neue Kette von besonders zentralen und geradlinigen Entwicklungsvorgängen abzeichnen: die Cerebralisation – höchste Auswirkung wie auch Parameter der kosmischen Zusammenrollung – wendet sich in einem Prozeß der Selbst-Vervollkommnung zu sich selbst zurück; die Auto-Cerebralisation der Menschheit wird zur entschiedensten Äußerung einer bewußten Neuingangsetzung der Evolution.[1]

---

[1] Hier taucht die weiter oben eingeführte Unterscheidung zwischen «Soma» und «Phren» wieder auf (vgl. Kap. II, S. 50), die an dieser Stelle eine entscheidende Bedeutung erlangt. – Mit der Gemeinschaftsbildung im Stadium der Verdichtung, bei der der wesentliche Faktor nicht mehr in der bloßen Vermehrung der Einzelwesen liegt, sondern in ihrer Organisa-

Mögen diese Anschauungen auch ein wenig merkwürdig erscheinen, so enthalten sie meines Erachtens doch nichts, was unwahrscheinlich wäre. Aber sie bewegen sich ganz einfach in Verhältnissen, mit denen die Wissenschaft nur dann zu tun hat, wenn sie sich mit Vorgängen von kosmischen Ausmaßen befaßt. Der beste Weg, um sich von dem allen zu überzeugen, ist, daß man versucht (wozu uns ja auch unser nicht zu unterdrückender Wissensdurst treibt), den zur Totalisation drängenden Strom geistig-technischer Energien möglichst weit in die Zukunft hinein zu extrapolieren, – den Strom, dessen konvergierender Lauf uns, wie ich deutlich gemacht zu haben hoffe, in der Entwicklung aller Dinge mit jedem Tag klarer entgegentritt.

IV. KULMINATION DER GEMEINSCHAFTSBILDUNG: EIN VERSUCH, SICH DAS ENDE EINER WELT VORZUSTELLEN

Die Entwicklung des Menschen hat also keineswegs schon ihren Höhepunkt erreicht (geschweige denn, daß sie rückläufig wäre), wie man so oft sagen hört; sie befindet sich vielmehr in unserer Zeit in vollem Aufschwung. Und diese offenbar aus eigener Kraft aufrechterhaltene, ja sogar beschleunigte Bewegung auf ein Ultra-Menschsein hin scheint, zumindest in ihrem wesenhaften Kern, den üblichen Gefahren des Alterns nicht zu unterliegen, sofern ihr die Erde nur weiterhin die notwendigen Reserven aller Art (vgl. S. 116) zur Verfügung stellt. So, wie diese eingerichtet ist, scheint

---

tion zum Zweck der Gehirnvervollkommnung, gelangen wir in einen völlig neuen Bereich biologischer Entwicklung. In diesem Bereich fungieren die Einzelwesen durch ihre Keimzellen *(Germen)* zwar noch immer als Glieder einer Kette (Fortdauer des Phyletischen beim Menschen in Form immer noch klar erkennbarer, wenn auch immer stärker verschlungener Erbträger). Ihre eigentliche Bedeutung jedoch erhalten sie durch ihr «Phren», insofern nämlich, als sie dadurch konstitutive Elemente des «Noosphären-Gehirns» sind, das heißt des Organs des kollektiven Bewußtseins der Menschheit.

keine physische oder psychische Kraft imstande zu sein, die Menschheit daran zu hindern, noch während weiterer Jahrmillionen[1] in jeder Richtung forschend, erfindend und schöpferisch tätig zu sein. – Welches sind nun die allgemeinen Gestalt- und Bewußtseinsformen, zu denen uns eine solche Entwicklung hinführen wird?

Die Antwort auf diese Frage ergibt sich daraus, daß die «kompressive» Phase der Gemeinschaftsbildung, in die wir nun eingetreten sind, ganz eindeutig und endgültig eine *konvergente* Entwicklungsrichtung hat. Durch die allgemeine Einrollung des *Weltstoffs*, die sich bis ins Innerste unseres Seins erstreckt, bewegen wir uns auf Lebensformen hin, die man als *mehr und mehr zentriert* bezeichnen kann, und zwar in dreierlei Hinsicht und in dreifacher Steigerung, nämlich kollektiv, individuell und kosmisch.

Im folgenden wollen wir nun zu klären versuchen, was jeder dieser drei Begriffe besagen will.

a) *kollektiv* (und hier liegt, von unserer Erfahrung her gesehen, der Kern des ganzen Phänomens): Die Menschheit strebt, wie wir hinreichend gezeigt haben, in praktischer und geistiger Hinsicht nach einem immer stärkeren Zusammenschluß. Wir brauchen darauf nicht mehr näher einzugehen, da dieser Gedanke ja im ganzen vorliegenden Kapitel bereits ausführlich dargelegt wurde. Um so wichtiger ist es jedoch, zu bedenken, daß das Wachstum der Noosphäre, auf Grund eben dieses Konzentrationsprozesses, zwangsläufig auf einen *Punkt der Reife* zustrebt. In der Hoffnung und in dem Bestreben, die Zukunft der Menschheit gewissermaßen ins Unendliche auszudehnen, spricht man heute viel von der Möglichkeit ihrer Verpflanzung (durch Weltraumfahrt) von einem Planeten zum andern. Ich möchte die physikalische Möglichkeit einer solchen Ausbreitung

---

[1] Die Lebenszeit einer zoologischen Familie oder Gattung wird auf fünfzig Millionen Jahre geschätzt. Nun ist aber der Mensch (schon unter dem Gesichtspunkt einer wissenschaftlichen Einteilung) sehr viel mehr als eine bloße Gattung oder Familie, denn er stellt für sich allein schon eine ganze biologische «Schicht» unserer Erde dar. Aus bestimmten Gründen müssen wir allerdings damit rechnen, daß sich in dieser Schicht der Rhythmus der Evolution, eben weil sie einen neuen Aufschwung nimmt, mehr und mehr beschleunigen wird.

des bewußten Lebens innerhalb des Sonnensystems[1] nicht völlig verneinen, noch deren biologische Bedeutung bestreiten. Doch darf man meiner Ansicht nach dabei nicht übersehen, daß eine solche Ausdehnung in den Weltraum, im selben Maße wie sie dem Menschen eine breitere Basis seines Handelns und Wirkens verschafft, diejenigen Kräfte nur noch steigern würde, die die Menschen immer abhängiger von einander machen. Auf diese Zusammenführung der Menschheit unter Druck (als Folge der Zusammenrollung der Welt) muß man letzten Endes immer wieder zurückkommen, wenn man das Phänomen Mensch in seinem Wesen verstehen will. Das Kennzeichen einer Menschheit, die in einigen Millionen Jahren die polaren Zonen unserer imaginären Hemisphäre erreichen wird, um sich dort zu vereinigen, muß unter diesen Umständen in einer höheren Form kollektiven Bewußtseins bestehen, das seinen Ausdruck nicht etwa in einer immer größeren Ausweitung und Differenzierung unseres Gefühlslebens und unseres Wissens finden kann, sondern viel eher in einer auf einheitlicher Grundlage aufgebauten *Weltanschauung*. In diesem Sinne könnte man – theoretisch und philosophisch – auch sagen, daß die Menschheit dann ihr Ende erreichen wird, wenn sie, endlich ans *Ziel des Erkennens* gelangt, ihre Glieder durch einen letzten, allumfassenden Denkakt zu einer gemeinsamen Idee und einer gemeinsamen Liebe bekehrt haben wird.[2]

---

[1] Eines jedenfalls steht außer Zweifel: früher oder später wird der Mensch den *Versuch* unternehmen, in den Weltraum vorzustoßen. Vielleicht fühlt er, daß er erst die Grenzen aller Dinge erreicht haben muß, um bis ins Innerste seines Selbst vordringen zu können.

[2] Die Entwicklung der Menschheit scheint sich also – wie ich bereits an anderer Stelle (1947) dargelegt habe – abzuspielen zwischen zwei kritischen Punkten des Bewußt-seins: zwischen einem nur das Individuum betreffenden Ausgangspunkt und einem die ganze Noosphäre umfassenden Endpunkt. In diesem letzten Punkt organisch-psychischer Reife erreicht der Prozeß «unbegrenzter Korpuskelbildung» (vgl. Kap. I, S. 30), wie er durch das Auftreten des Lebens in der Welt ausgelöst wurde, seinen Hohepunkt und Abschluß. Die Astronomie lehrt uns, daß in Beziehung auf das unendlich Große die höchste Einheit geordneter Materie die Milchstraße ist. In ähnlicher Weise lehrt uns die Biologie, daß in Beziehung auf Komplexität die denkende Noosphäre die höchste und absolute Einheit geordneter Materie darstellt. Allerdings nur, sofern sich in der Welt nicht

b) *individuell*: Trotz aller gegenteiligen vorgefaßten Meinungen, so zäh sie auch sein mögen, ist die Auffassung durchaus berechtigt, daß die «kompressive» Phase der Gemeinschaftsbildung, die auf den ersten Blick für unsere individuelle Eigenart und Freiheit so bedrohlich scheint, das wirksamste Mittel ist, das je von der Natur «ersonnen» wurde, um die auf niemand und nichts übertragbare Besonderheit eines jeden denkenden Einzelwesens hervorzuheben und aufs Höchste zu steigern. Ist es nicht eine alltägliche Erfahrung, daß Gemeinsamkeit, sofern sie sich nicht bloß tangentiell (wenn man so sagen darf), das heißt in der bloßen Funktion auswirkt (wie bei den Insekten), sondern vielmehr radial, das heißt von Geist zu Geist oder von Herz zu Herz – daß eine solche Gemeinsamkeit ebensowohl differenziert, wie auch «zentriert» ? Je tiefer wir dieses Grundgesetz unseres Daseins, das uns die Erfahrung lehrt, erfassen, desto mehr verliert die zunächst so beunruhigende und verwirrende Situation des modernen Menschen, der sich plötzlich der überwältigenden Größe der Menschheit gegenübersieht, ihre Schrecken. Wie ich schon weiter oben hervorhob (S. 108f.), haben wir *a priori* und unter der Voraussetzung eines vernünftigen Gebrauchs unserer Freiheit von der sich ankündigenden Totalisation nichts zu befürchten; erweist sie sich doch in ihrem Grundcharakter (vor allem ihren Auswirkungen auf die Psychogenese) als die natürliche Fortsetzung der Anthropogenese. Und wir beginnen nun auch zu verstehen, weshalb. Am Ende der nun abgeschlossenen «Expansionsphase» der Gemeinschaftsbildung glaubten wir noch, wir würden auf dem Wege der Absonderung, das heißt der Individuation, unsere wahre Bestimmung erfüllen. Jetzt, da die Entwicklung der Menschheit in die Phase der Konvergenz eingetreten ist, beginnen wir gewahr zu werden, daß wir nur durch eine ganz besondere Form von Vereinigung, nämlich dadurch, daß wir uns zu einer Gesamtperson zusammenschließen (Perso-

---

zufällig, über Raum und Zeit hinweg, ganze «Noosphären-Systeme» bilden: eine Hypothese, die nicht mehr ganz so phantastisch erscheint, wenn man sich vor Augen hält, daß das Leben ja überall unter einem starken Druck steht (vgl. Kap. I, S. 35), und das Universum daher sehr wohl (nacheinander oder sogar gleichzeitig) mehrere Kulminationen denkenden Bewußtseins hervorbringen könnte.

nalisation), das retten können, was sich an göttlichem Auftrag hinter unserer individuellen Selbstsucht verbirgt. Der wahre Schwerpunkt eines jeden von uns liegt nicht am Ende einer einsamen, von den anderen wegführenden Bahn, sondern er fällt zusammen (ohne deshalb eins zu werden) mit dem Punkt, auf den eine Vielheit menschlicher Einzelwesen zuströmt, – eine Vielheit, die sich in Freiheit ihrer selbst bewußt ist und doch, beseelt von einem einheitlichen Streben und Verlangen, mit sich selbst verschmilzt.

c) Und schließlich *kosmisch* (mag diese Perspektive auch ein wenig phantastisch erscheinen) : Wenn die belebte Materie, soweit sie die Fähigkeit des Denkens erlangt hat, tatsächlich konvergiert, dann sehen wir uns zu der Vorstellung gezwungen, daß auch das Universum – entsprechend dem Konvergenzpunkt des Bewußtseins der Noosphäre – am Pol der uns alle wie ein Gewölbe umschließenden Hemisphäre einen absoluten Endpunkt haben muß. Die moderne Astromonie hält es bis auf weiteres für durchaus möglich, daß vor einigen Milliarden Jahren die gesamte Masse der Gestirne noch in einer Art Ur-Atom zusammengefaßt war. Ist es nun nicht sehr bemerkenswert, daß uns auch die Biologie, wenn wir sie bis zum Äußersten extrapolieren (und zwar diesmal in die Zukunft), zu einer ganz ähnlichen Hypothese führt, jedoch gewissermaßen zu einem Symmetriebild jener physikalischen Ur-Einheit ? Ich meine damit die Hypothese eines letzten Brennpunktes des Universums (den ich *Omega* genannt habe); eines Brennpunktes, nicht mehr physischer Veräußerlichung und Ausweitung, sondern psychischer Verinnerlichung, in dem die irdische Noosphäre,[1] die sich durch immer weitere Zunahme ihrer Komplexität mehr und mehr konzentriert, in einigen Millionen Jahren[2] ihr Ende und Ziel finden wird. Gewiß, eine etwas ungewöhnliche Vorstellung, dieses Universum in Form einer Spindel, das am Anfang und am Ende in Spitzen ausläuft, die in entgegengesetzte Richtungen weisen !

---

[1] Und, falls im Weltall noch andere Noosphären existieren oder sich bilden sollten, eine jede jeweils zu ihrer Zeit (vgl. Anm. S. 121 f.).
[2] Im Verhältnis zu der durchschnittlichen Entwicklungsdauer, die für die Gattungen oder Familien der prae-humanen Säugetiere ermittelt wurde, müßte die Lebensdauer einer so riesigen zoologischen Gruppe wie der der

Der erwähnte Punkt Omega liegt, streng genommen, – und darin gleicht er dem Ur-Atom Lemaîtres – außerhalb des der Erfahrung zugänglichen Prozesses, dessen Ende und Abschluß er bildet. Denn um dorthin zu gelangen, beziehungsweise eben indem wir dorthin gelangen, verlassen wir Raum und Zeit. Trotz seiner Transzendenz entzieht er sich indes nicht gänzlich der Reichweite der Wissenschaft, die ihm notwendigerweise gewisse Eigenschaften zusprechen muß, die sich begrifflich fassen lassen, – Eigenschaften, auf die wir noch zu sprechen kommen werden, wenn wir nun eine letzte Frage untersuchen, die sich uns angesichts der erstaunlichen Entfaltung des Phänomens Mensch unausweichlich aufdrängt: «Gibt es für uns, die wir in die Richtung auf ein ganz bestimmtes Ziel in der Zukunft geworfen sind, irgendeine Gewähr, daß wir dieses Ziel auch erreichen werden?»

5. SCHLUSSBETRACHTUNG:
AUSSICHTEN UND VORAUSSETZUNGEN
FÜR EINEN ERFOLG DES WAGNISSES MENSCH

Wenn aus dem bisher Gesagten eines klar und deutlich hervorgeht, dann ist es die absolute, tief verwurzelte Unfähigkeit der in Individuen gespaltenen Menschheit[1], sich den Mächten zu entziehen, die dahin wirken, sie organisch zusammenzufassen. Es sind dies die allgemeinen Kräfte kosmischer Einrollung, die auf der Stufe der zoologischen und geschichtlichen Entwicklung, die der Mensch nun-

---

Menschheit mehrere zehn Millionen Jahre betragen. – Doch müssen wir uns hier vorsehen. Die «Gattung Mensch» verhält sich am Lebensbaum nicht wie ein bloßes Büschel verschiedener Blätter oder wie ein einfacher Zweig, sondern wie ein ganzer Blütenstand (vgl. Abb. 5 und S. 87, Anm.). Daher könnte die Dauer ihrer Entwicklung viel kürzer sein als wir vermuten. – Andererseits jedoch könnten wir aus dem Zustand organischen Ungeordnetseins, in dem sich die Noosphäre heute noch befindet, auch den Schluß ziehen, daß der Mensch nach einer Existenz von einer Million Jahren eben erst das embryonale Stadium seiner Entwicklung überwunden hat.
[1] Sie selbst ist ein Hinweis auf den atomaren Ursprung und die korpuskulare Natur eines jeglichen Lebewesens.

mehr erreicht hat, seitdem seine Welt in die Phase der Konvergenz übergegangen ist, klarer und bestimmender zu Tage treten. Diese Tatsache steht außer Zweifel. Durch die ganze Struktur des Universums sind wir gezwungen, ja dazu verdammt (um das volle Leben zu erlangen), uns zu einem Ganzen zusammenzuschließen.

Dürfen wir jedoch aus der Erkenntnis, daß dies das Grundgesetz unseres Daseins ist, auch den Schluß ziehen, der mit uns unternommene Versuch müsse notwendigerweise zum Erfolg führen – mit anderen Worten: können wir im Rahmen unserer Hypothese sicher sein, daß wir eines Tages die Einheit, in die wir hineingezwungen werden sollen, auch tatsächlich erreichen werden ? Oder nochmals anders ausgedrückt: Geht die Konzentration des Universums, wenn wir nach oben blicken, ebenso sicher und unfehlbar vonstatten wie, wenn wir nach unten blicken, die Entropie ?

Die Tatsachen sprechen dagegen. Ihrer Natur nach schließt die *Synthese* in jedem Falle auch ein *Risiko* ein. Leben ist nicht so sicher wie der Tod. Wenn uns also der Druck der Erde in die Form einer Ultra-Menschwerdung hineinpressen will (vgl. S. 116, Anm.1), so bedeutet das noch keineswegs, daß uns dieses Ultra-Menschsein auch tatsächlich gelingt. Denn damit sich die Evolution des Bewußtseins auf dieser Erde in uns und durch uns vollendet, sind zweierlei Voraussetzungen notwendig; die einen äußerer, die anderen innerer Art. Für keine dieser Vorbedingungen besitzen wir die absolute Gewähr, daß sie im Lauf der Zeit auch wirklich erfüllt werden.[1]

Zunächst die *äußeren Voraussetzungen*: darunter verstehe ich vor allem die vielfältigen Reserven (an Zeit, an Nahrungsmitteln und an Menschen), die unumgänglich notwendig sind, um den Evolutionsprozeß bis zum Schluß in Gang zu halten. Wenn etwa die Erde un-

---

[1] Selbstverständlich kann von dem Augenblick an, da die Menschheit (wie es gegenwärtig geschieht) in das Stadium der Totalisation eintritt, nicht mehr wie in den vorhergehenden Epochen von «untergehenden» Kulturen die Rede sein, sondern nur noch von einem Auf und Ab, von Schwankungen innerhalb einer einzigen, erdumfassenden und endgültigen Kultur. Diese Kultur kann nicht untergehen, ohne daß nicht *ipso facto* auch die weitere Entwicklung der Menschheit auf der Erde zum Stillstand kommt.

bewohnbar würde, ehe noch die Menschheit zur Reife gelangt; oder wenn vorzeitig die Lebensmittel oder die notwendigen Mineralien zur Neige gingen; oder, was noch wesentlich schwerwiegender wäre, wenn es an der Quantität oder Qualität der Gehirnsubstanz fehlen sollte, wie sie benötigt wird, um all das Wissen und Streben anzusammeln, weiterzuleiten und zu mehren, das jeweils den kollektiven Keim für die weitere Entwicklung der Noosphäre ausmacht; – wenn irgendein solcher Mangel auftreten sollte, dann würde dies ganz offensichtlich den Fehlschlag des Lebens auf der Erde bedeuten; und es bliebe nichts anderes übrig, als daß die Welt ihre Bemühungen um eine Zentrierung an anderer Stelle, an irgendeinem anderen Punkt des Weltraums zum Ziele zu führen suchte.

Und dann die *inneren Voraussetzungen*, das heißt solche, die sich aus der Tatsache unserer Freiheit ergeben: Da ist auf der einen Seite die Voraussetzung des *Tun-Könnens*; das heißt der Mensch muß verstehen, die zahlreichen und vielfältigen Fallstricke und Sackgassen (Mechanisierung der politischen und sozialen Beziehungen; Bürokratisierung der Verwaltung; Übervölkerung; Auslese im negativen Sinne usw.) zu vermeiden, welche die Totalisation eines so riesigen Ganzen hemmen und vereiteln könnten. Und dann vor allem die Voraussetzung des *Tun-Wollens*, das heißt der Mensch muß so fest entschlossen sein, daß er sich durch keine Enttäuschung, Entmutigung oder gar Furcht von seinem Wege abbringen läßt.

Was die äußeren Voraussetzungen anbelangt, so hat es nicht den Anschein, als ob man in dieser Beziehung sehr um das Gelingen der Evolution fürchten müsse. Was die materiellen Reserven und die zur Verfügung stehende Zeit anlangt, so scheint das Leben auf der Erde über einen hinreichend großen, oder aber durch die Entwicklung der Technik (ich denke hier an die Reserven an physischer Energie) genügend erweiterungsfähigen Spielraum zu verfügen, so daß von dieser Seite her keine ernstliche Gefahr droht, abgesehen vielleicht von dem im Augenblick nachgerade beängstigenden Rückgang des anbaufähigen Bodens. Und was die geistigen Reserven betrifft, so machen wir die erstaunliche Beobachtung, daß bisher noch immer die nötige Zahl von Menschen im richtigen Augenblick zur Hand war, um die immer vielfältigeren und spezielleren Aufgaben zu übernehmen, die sich aus dem allgemeinen Fortschritt der Menschheit ergeben: gerade als ob es sich hier um eine geheimnisvolle, gut eingespielte Metabolie der Noosphäre handle.

Sehr viel gefährlicher und schwerwiegender erscheint auf den ersten Blick eine Bedrohung des Lebens von innen her, und zwar durch eine neue Freiheit, die sich nun in ihm auswirkt, die Freiheit des Denkens. Zwar ist sie ein unerläßlicher Faktor der Erneuerung der Evolution, zugleich aber auch ein gefährlicher Anreiz zu einer zügellosen Emanzipation. Dem läßt sich jedoch eine andere Überlegung entgegenhalten: Je mehr das Denken der Menschheit an Kraft und Tiefe gewinnt (durch Zusammenfassung des Denkens der Einzelnen), desto mehr verringern sich auch, auf Grund der großen Zahl der organisch zusammengefaßten Elemente dieses Denkens, die Möglichkeiten eines (wissentlichen oder unwissentlichen) Irrtums in der Noosphäre. Im Gegensatz zu einer verbreiteten Auffassung hat ein lebendes System (sofern man bei ihm voraussetzen darf, daß es, wie der Mensch, nach einem festen Pol ausgerichtet ist) die Tendenz, seinen Weg immer gerader und sicherer fortzusetzen, und zwar in dem Maße, wie seine einzelnen Elemente zugleich mit der klareren Erkenntnis des zu erreichenden Ziels auch die Fähigkeit erlangen, die Dinge vorauszusehen und eine Wahl zu treffen. Zehn Spezialisten, die sich mit derselben Aufgabe befassen, laufen viel weniger Gefahr, sich in ihren Bemühungen entmutigen oder irreführen zu lassen, als ein einzelner. Je mehr sich also die Noosphäre zusammenrollt, desto mehr vergrößern sich die Aussichten, daß sie ihre endgültige Zentrierung auch tatsächlich erreichen wird.

Doch selbst wenn diese äußerst günstige Annahme zutreffen sollte, bliebe immer noch eine *oberste Voraussetzung* zu erfüllen, damit das Zusammenspiel und die Spannung zwischen den immer zahlreicheren und immer wieder dem Irrtum unterworfenen freien Individuen aufrechterhalten bleiben. Ich meine damit, daß *pari passu* mit der Evolution, die sich ihrer selbst bewußt wird, in der menschlichen Seele der Zweck des Lebens und der Wille zum Leben (was wir soeben «innere Polarisation» genannt haben) Kraft und Tiefe gewinnen müssen. Das setzt eine «kosmische Atmosphäre» voraus, die uns beständig umgeben und an Klarheit und Wärme zunehmen muß, je weiter wir vorwärtsschreiten. An Klarheit, weil wir ahnen, daß wir nun einem Tor näherkommen, das dem Kostbarsten, was wir geschaffen haben, die Möglichkeit bietet, dem allen Dingen drohenden Tod für immer zu entgehen. Und an Wärme, weil wir mehr und mehr in den Strahlungsbereich eines machtvollen Brennpunktes der Seelenvereinigung gelangen. Nichts vermag offenbar den Menschen als Gattung – genau wie den Menschen als Individuum – daran zu hindern, immer noch weiter zu wachsen (sei es zum Guten oder zum Bösen hin), so lange er in seinem Herzen den Willen zu wachsen bewahrt. Doch umgekehrt wird auch der stärkste Druck von außen ihn nicht davon abbringen können, den Kampf aufzugeben, mögen ihm auch noch Berge von Energie zu Gebote stehen, wenn ihm unglücklicher Weise einmal das Interesse oder das Vertrauen in die Bewegung verloren gehen sollte, die ihn vorwärts führt. Und das gibt uns Grund, zum Abschluß unserer Betrachtungen folgende These aufzustellen:

«Wenn der Pol seelischer Konvergenz, zu dem die Materie bei ihrer Organisation hingravitiert, nichts anderes und nicht mehr wäre als lediglich die unbegrenzte, unpersönliche und jederzeit reversible[1] Zusammenfassung aller denkenden Elemente des Kosmos, soweit diese sich gerade wechselseitig ihrer selbst bewußt geworden sind, dann würde die Einrollung der Welt (gewissermaßen aus Überdruß an sich selbst) allmählich zum Stillstand kommen, und zwar um so gewisser als die fortschreitende Evolution immer klarer erkennen müßte, in welcher Sackgasse sie einmal enden wird. Wenn «Omega» (vgl. S. 123) wirklich den Schlußstein im Gewölbe der Noosphäre bilden soll, dann kann es nur als der Punkt verstanden werden, in dem das zum Abschluß seiner Zentrierung gelangte Universum zusammentrifft mit einem *anderen*, noch unergründlicheren *Zentrum*, – einem Zentrum, das aus sich selber existiert, einem absolut letzten Prinzip der Irreversibilität und der Personalisation: dem einzig wahren Omega...»

---

[1] «Reversibel» insofern, als diese Ordnung ihrer Struktur nach und in Ermangelung einer von der Zukunft her wirkenden Stütze abhängig wäre von einer unsicheren Zusammenfügung von Partikeln, die naturgemäß alle bis ins Letzte desintegrierbar sind.

Schlußbetrachtung

An diesem Punkt nun taucht, wie mir scheint, für die Wissenschaft von der Evolution das Problem Gott auf, denn nur so vermag diese Evolution auch in einem Rahmen, der vom Menschen her bestimmt ist, ihren Fortgang zu nehmen: Gott als Triebkraft, Sammelpunkt und Garant – das Haupt der Evolution.[1]

Paris, 4. August 1949

---

[1] Man könnte das auch folgendermaßen ausdrücken (womit übrigens der Inhalt dieser ganzen Abhandlung recht gut zusammengefaßt wäre): Auf Grund unserer Kenntnisse stellt sich jedes Lebewesen (jedes Korpuskel) symbolisch als eine Ellipse dar mit zwei Brennpunkten von verschiedener «Stärke»: einem Brennpunkt materieller Organisation (oder Komplexität), F 1; und einem Brennpunkt des Bewußtseins (oder der Verinnerlichung), F 2.

Während der praevitalen Periode ist der Einfluß von F 2 praktisch gleich Null (Bereich des bloßen Zufalls). Mit der Entwicklung des Lebens jedoch wird dieser Einfluß allmählich immer stärker (vgl. S. 115 f.), bis sich schließlich an der «Schwelle des Denkens» die Verhältnisse umkehren. Vom Auftreten des Menschen ab ist in zunehmendem Maße F 2 verantwortlich für die Neuerungen, die die Wirkung von F 1 erhöhen (Neubelebung der Evolution durch bewußte Entdeckung und Erfindung). Gleichzeitig gerät F 2 mehr und mehr in den wachsenden und zuletzt alles beherrschenden Einflußbereich von Omega, mit dem er schließlich zusammenfällt.

Was letzten Endes besagt, daß im Verlaufe der Einrollung des Kosmos anscheinend der (psychische) Überbau an Stelle des (physischen) Unterbaus allmählich zum entscheidenden Bestandteil der lebenden Partikeln wird.

Wissenschaft und Philosophie

Pierre Teilhard de Chardin
Der Mensch im Kosmos
Aus dem Französischen von Othon Marbach
Unveränderter Nachdruck 1994 der bei C. H. Beck erschienenen
gebundenen deutschen Ausgabe von 1959. 326 Seiten mit
4 Abbildungen. Paperback. Beck'sche Reihe Band 1055

Rudolf Otto
Das Heilige
Über das Irrationale in der Idee des Göttlichen und sein Verhältnis
zum Rationalen
53. Tausend. 1991. VIII, 229 Seiten. Paperback
Beck'sche Reihe Band 328

Gernot Böhme/Hartmut Böhme
Feuer, Wasser, Erde, Luft
Eine Kulturgeschichte der Elemente
1996. 344 Seiten mit 47 Abbildungen. Leinen

Klaus Michael Meyer-Abich
Praktische Naturphilosophie
Erinnerung an einen vergessenen Traum
1997. 20 Seiten mit 3 Abbildungen. Leinen

Jürg Freudiger/Andreas Graeser/Klaus Petrus (Hrsg.)
Der Begriff der Erfahrung in der Philosophie des 20. Jahrhunderts
1996. 258 Seiten. Broschiert

Jürgen Audretsch (Hrsg.)
Die andere Hälfte der Wahrheit
Naturwissenschaft, Philosophie, Religion
1992. 255 Seiten. Paperback. Beck'sche Reihe Band 469

Verlag C. H. Beck München

Klassiker des Denkens

Otfried Höffe (Hrsg.)
Klassiker der Philosophie
Band 1: Von den Vorsokratikern bis David Hume
3., überarb. Auflage. 1994. 571 Seiten mit 23 Porträtabbildungen. Leinen
Band 2: Von Immanuel Kant bis Jean-Paul Sartre
2., verbesserte Auflage. 1985. 557 Seiten mit 23 Porträtabbildungen. Leinen

Heinrich Fries/Georg Kretschmar (Hrsg.)
Klassiker der Theologie
Band 1: Von Irenäus bis Martin Luther.
Band 2: Von Richard Simon bis Dietrich Bonhoeffer
1989. Zusammen 948 Seiten mit 43 Porträtabbildungen. Broschiert
Sonderausgabe

Gernot Böhme (Hrsg.)
Klassiker der Naturphilosophie
Von den Vorsokratikern bis zur Kopenhagener Schule
1989. 458 Seiten mit 4 Abbildungen und 24 Porträtabbildungen. Leinen

Friedo Ricken
Antike Skeptiker
1994. 174 Seiten. Paperback. Beck'sche Reihe Band 526
Reihe „Denker" (hg. von Otfried Höffe)

Klaus Fischer
Galileo Galilei
1983. 239 Seiten mit 6 Abbildungen. Paperback
Beck'sche Reihe Band 504
Reihe „Denker" (hg. von Otfried Höffe)

Tilman Borsche
Wilhelm von Humboldt
1990. 189 Seiten mit 8 Abbildungen. Paperback
Beck'sche Reihe Band 519
Reihe „Denker" (hg. von Otfried Höffe)

Verlag C.H.Beck München